SCIENCE

IN SECONDS

과학

헤이즐 뮤어 지음 | 윤서연 옮김 | 이정모 감수

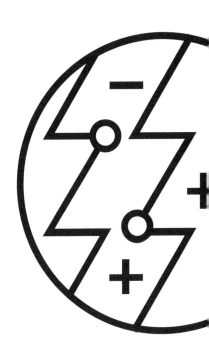

arte

/ 차례

서문

과학은 자연을 알아 가는 데 놀라울 정도로 효과적인 수단이다. 우주가 138억 년 전 빅뱅으로 생겨났다는 것도 과학적 증거를 통해 증명되었다. 그동안 과학자들은 복잡한 생명체의 유전적 암호를 해독하고, 20세기 동안에만 5억 명의 목숨을 앗아 간 천연두를 근절시켰다. 과학적 사고는 문제 해결에서도 가장 효과적인 수단이다.

그러나 대부분의 과학 서적은 난해하기 그지없다. 이 책은 전문적이라기보다는 독자들의 관점에서 쉽게 읽을 수 있도록 과학의 핵심 주제들을 소개한다. 아인슈타인의 상대성이론[pp. 16, 18]이나 양을 복제하는 방법[p. 210] 등을 부담 없는 분량으로 간결하게 정리함으로써 핵심 개념을 쉽게 이해할 수 있도록 했다. 이 책을 통해 독자들이 관심을 갖고 있는 과학 분야에 대해 더욱 깊은 지식을 얻게 되길 바란다.

이 책은 물리학, 화학, 생물학 등 전통적인 과학 분야들을 간결하게 다루었으며 색인을 통해 해당 개념들을 쉽게 찾아볼 수 있게 했다. 비록 주제를 200개로 좁히기가 쉽지 않았지만, 먼저 세포의 분리 방식이나 레이저의 작동

원리처럼 필수적이고 기본적인 내용들을 다루었다. 이와 함께 줄기세포 치료법과 태양계 너머에 존재하는 외계 행성에 대한 탐구 등 최신 과학 분야들도 다루고 있다.

과학은 단순히 이런 과학적 탐구를 통해 오래된 이론들을 무턱대고 외우는 것이 아니다. 오히려 과학자들의 진정한 사명은 우리가 아직 알지 못하는 것들을 발견해 나가는 여정임을 깨닫게 된다. 치명적인 질병과 기후변화에 어떻게 대처할 것인가? 생명이 존재하는 이유는 무엇인가?

지구에서 가장 깊은 바다에 들어가 본 사람들보다 더 많은 사람들이 우주로 나가고 있지만, 우주는 여전히 우리가 알아내야 할 문제들로 가득하다. 과학의 진정한 즐거움은 탐정처럼 새로운 사실을 밝혀내는 데 있으며, 이런 즐거움을 위해 앞으로도 오랫동안 과학자들은 분주할 것이다.

— 헤이즐 뮤어

운동

물리학에서 물체의 운동은 속도, 가속도, 이동 등의 요소로 설명할 수 있다. 이동이란 물체가 원래의 위치로부터 움직인 거리를 말한다. 속도는 물체의 속력speed과 방향을 모두 나타내는 벡터양을 말한다. 물체의 속도를 올리려면, 즉 가속하기 위해서는 당기거나 미는 힘force이 필요하다. 가속도는 시간 경과에 따른 속도 변화 비율이다.

뉴턴의 운동법칙(p. 10)은 빛보다 훨씬 느리게 이동하는 자동차나 비행기처럼 일상생활에서 접하는 물체에 대한 힘과

1 질량(m)과 속도(v)를 가지고 접근하는 공의 운동량은 $m \times v$
2 질량(m)의 두 번째 공은 정지한 상태이며 운동량은 0

가속도의 관계를 정의한다. 물체의 질량과 속도의 산물인
운동량은 '보존되는 양'이다. 따라서 다른 요소가 개입하지
않을 경우 당구공 두 개가 서로 부딪힐 때의 운동량은 충돌
전후의 총 운동량과 같다.

물체의 운동에너지는 질량 곱하기 속도 제곱을 반으로 나눈
값이다. 이런 운동에너지 값으로 물체가 정지 상태에서 특정
속력으로 가속하는 데 필요한 일work을 측정한다.

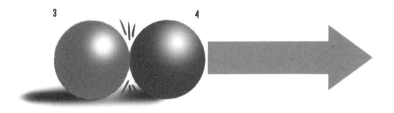

3 공 두 개가 서로 충돌하면 첫 번째 공은 완전히 정지한다.
4 첫 번째 공의 모든 운동량이 두 번째 공으로 옮겨 가고,
두 번째 공은 v의 속도로 움직인다.

뉴턴의 운동법칙

아이작 뉴턴이 1687년에 처음 발표한 세 가지 운동법칙은
물체에 작용하는 힘과 그 힘으로 인한 물체의 운동 사이의
관계를 설명한다.

제1법칙은 특정 속력으로 직선운동을 하는 물체가 외부의
힘이 작용하지 않는 한 원래 속력을 유지한다는 관성의
법칙이다. 즉 힘이 작용하지 않으면 물체는 가속되지 않는다.
제2법칙은 물체에 작용한 힘(F)과 물체의 질량(m) 및 가속도(a)
사이에 '$F = ma$'의 공식이 성립한다는 가속도의 법칙이다.
여기서 가속도는 힘에 비례하고 물체의 질량에 반비례한다.
제3법칙은 물체 1이 물체 2에 힘, 즉 '작용력'을 가하면 물체
2도 물체 1에 같은 크기의 '반작용력'을 동시에 행사한다는
작용-반작용의 법칙이다. 보트에서 부두 위로 올라서면
보트가 뒤쪽으로 밀려 움직이는 것을 예로 들 수 있다.

이 세 가지 운동법칙에 뉴턴의 중력 법칙(p.14)을 더하면
태양 주위를 도는 행성들의 궤도를 깔끔하게 설명할 수
있다. 그러나 물체가 초고속으로 움직이는 경우나 아주 강한
중력장이 영향을 미치는 경우 이런 법칙들은 성립되지 않으며,
대신 상대성이론(pp.16, 18)이 적용되어야 한다.

1 손가락이 구슬에 힘을 가한다.
2 $F=ma$에 따라 구슬이 가속된다.
3 손가락은 압력의 형태로 반동력 F를 받는다.

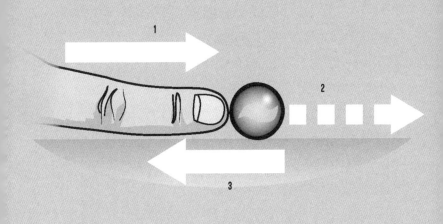

구심력과 원심력

구심력이란 물체를 곡선 경로로 움직이게 하는 힘이다. 중력은 뉴턴의 중력 법칙(p.14)에서 정의된 구심력의 예로, 별 주변 궤도를 도는 행성이 궤도 중심에서 별을 향해 계속 가속을 유지하게 하는 힘이기도 하다. 구심력이 없다면 행성은 궤도에 계속 있지 못하고 직선 방향으로 날아가 버릴 것이다.

테니스공을 줄에 묶어 머리 위에서 회전시키면 그 테니스공은 '당기는' 구심력을 받게 된다. 구심력은 원심력과 혼동되는 경우가 많은데, 원심력은 '관성력'에 포함된다. 롤러코스터가 곡선 구간을 지날 때 바깥으로 밀리는 느낌을 받는데 이것이 원심력이다. 뉴턴의 제3운동법칙(p.10)에 따르면 원심력은 구심력의 반작용이 될 수도 있다. 줄에 묶인 테니스공의 경우, 회전하는 공은 회전시키는 사람에게 바깥쪽을 향하는 원심력을 행사한다.

1 운동선수와 공 사이에 작용하는 안쪽을 향하는 장력
2 운동선수 주변에 유지되는 공의 곡선 경로
3 공이 계속 직선으로 움직이려는 경향 때문에
　바깥쪽을 향하는 '원심력'이 발생한다.

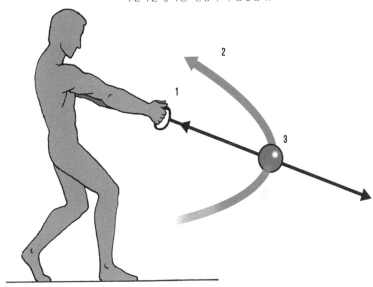

뉴턴의 중력

1687년에 발표된 뉴턴의 만유인력 법칙은 행성과 별 등 질량이 큰 물체들이 서로의 중력의 영향을 받으며 서로 끌어당기는 현상에 대해 최초로 명확한 수학적 설명을 제시했다.

뉴턴은 나무에서 떨어지는 사과를 보고 영감을 받아 이 이론을 만들었다. 사과가 땅으로 떨어지면서 가속하는 것을 본 뉴턴은 자신의 운동법칙(p. 10)을 통해 사과에 작용하는 힘이 있을 것으로 추론하고, 이 힘을 중력이라고 불렀다. 뉴턴은 중력의 범위가 매우 방대하며, 달이 계속해서 지구를 향해 '떨어지는' 동시에 적절한 속도를 유지하면서 지구의 궤도를 도는 것도 중력과 관련이 있다고 생각했다.

또한 뉴턴은 질량이 큰 두 물체 사이에 작용하는 중력이 두 물체의 질량의 곱에 비례하고 두 물체 사이 거리의 제곱에 반비례한다는 공식으로 중력의 법칙을 설명했다. 그러나 이 법칙은 중력이 어떻게 진공 공간을 통해 전해지는지는 설명하지 못했다. 이 문제는 이후 아인슈타인의 상대성원리(p. 18)를 통해 해결되었다.

1 중력에 따른 가속도= 초당 9.8미터
2 질량 1킬로그램의 물체에 작용하는 중력=9.8뉴턴

특수상대성이론

    알베르트 아인슈타인Albert Einstein의 운동법칙인 특수상대성이론은 1905년에 발표되었다. 특수상대성이론은 두 가지 기본 법칙에 근거하는데, 먼저 일정한 속도로 움직이는 모든 관찰자에게 물리학 법칙들이 동일하게 적용된다는 것이고, 빛의 속도가 광원과 관계없이 항상 같다는 것이다.

    상대성이론 때문에 시간과 공간에 대한 보편적 기준은 폐기되었다. 물체의 길이나 시간 간격이 관찰자에 따라 달라질 수 있기 때문이다. 빛의 속도로 움직이는 기차를 관찰자가 보고 있는 상황을 예로 들어 보자. 이 관찰자는 기차 안의 승객보다 기차의 길이를 짧게 인지할 것이고, 기차 안의 시계가 더 느리게 간다고 인식할 것이다.

    이런 현상은 단순한 착각이 아니다. 입자 핵붕괴 속도를 측정한 자료에 따르면, 빠른 속도로 지구의 대기권을 통과하는 불안정한 입자들은 실험실에서 정지한 상태로 있을 때보다 붕괴 속도가 훨씬 더 느린 것으로 나타났다. 특수상대성이론에 따르면 질량이 큰 물체는 진공상태에서 빛의 속도로 움직일 수 없다. 그렇게 움직이려면 무한한 에너지가 필요하기 때문이다.

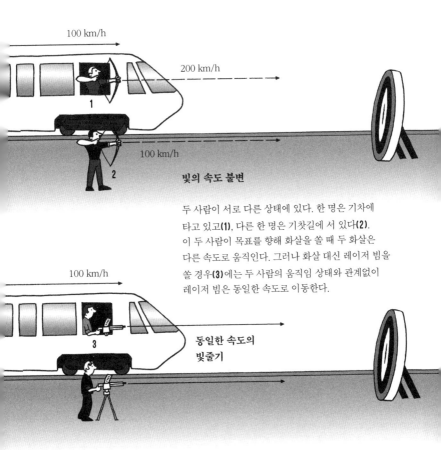

빛의 속도 불변

두 사람이 서로 다른 상태에 있다. 한 명은 기차에
타고 있고(1), 다른 한 명은 기찻길에 서 있다(2).
이 두 사람이 목표를 향해 화살을 쏠 때 두 화살은
다른 속도로 움직인다. 그러나 화살 대신 레이저 빔을
쏠 경우(3)에는 두 사람의 움직임 상태와 관계없이
레이저 빔은 동일한 속도로 이동한다.

일반상대성이론

　일반상대성이론은 아인슈타인이 1915년에 발표한 중력 법칙이다. 뉴턴의 중력 법칙(p.14)과는 달리 아인슈타인의 이론은 중력이 '원거리 작용' 개념이 아니라, 자연적으로 발생하는 구부러진 공간의 기하학이라고 설명한다. 질량이 큰 행성과 같은 물체는 자체 질량 때문에 왜곡되는 시공 곡률을 따라 이동한다. 물질로 인해 공간이 구부러지고, 구부러진 공간은 물질이 이동할 길을 만들어 주는 것이다.

　3차원으로 상상하는 것이 쉽지는 않으니 2차원의 판이 그 위에 놓인 별의 질량 때문에 움푹 들어갔다고 생각해 보자. 이 경우 별 주변 행성은 마치 룰렛 판 위의 공처럼 휘어진 공간을 따라 움직이게 된다.

　일반상대성이론은 뉴턴의 중력 법칙과는 일부 다른 예측 결과를 제시했다. 뉴턴과 아인슈타인은 모두 태양의 중력으로 태양 뒤 별들의 빛이 굴절된다고 예측했다. 그러나 아인슈타인의 이론이 예측한 굴절률은 뉴턴 이론의 두 배였다. 태양빛이 가려지는 일식이 일어나는 동안 굴절률을 측정한 결과, 일반상대성이론이 맞는 것으로 나타났으며, 현재까지 이 이론은 모든 테스트를 통과했다.

1 별의 실제 위치
2 인식되는 별의 위치
3 태양 주변의 왜곡된 시공으로 인해 별의 빛 방향이 변한다.
4 지구 위에 있는 관찰자의 위치

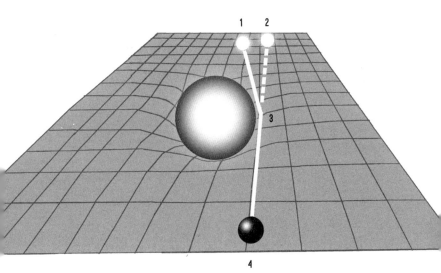

온도와 압력

온도는 물체의 뜨거운 정도를 나타내는 수치로, 물체의 분자들이 가진 운동에너지양을 반영한다. 대부분의 국가들은 물의 어는점을 0도(0°C), 끓는점을 100도(100°C)로 설정하는 섭씨Celsius 단위로 온도를 표시한다. 미국의 경우, 어는점이 32도(32°F), 끓는점이 212도(212°F)인 화씨Fahrenheit 단위를 사용한다.

물질의 온도는 분자들의 운동에너지를 줄여 낮출 수 있으나, 열역학법칙(p.28)에 따르면 물질에서 가능한 가장 낮은 온도는 섭씨 영하 273.15도(-459.67°F)로, 물질 안에 있는 입자들이 이론적으로 모두 정지한 상태인 '절대영도absolute zero'이다.

압력이란 한 물질이 다른 물질에 행사할 수 있는 단위면적당 힘이며, 기체의 압력은 기체가 용기 벽면에 가하는 힘이다. 압력의 표준 단위는 파스칼(제곱미터당 1뉴턴의 힘)로, 지구상 해수면의 평균 기체 압력은 약 10만 파스칼이다.

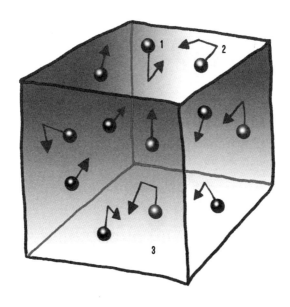

1 그릇 안의 분자들은 불규칙적으로 운동한다.
2 온도가 높아지면 분자의 속도가 빨라진다.
3 분자들이 그릇의 벽면 또는 다른 분자들과 충돌하면서 압력이 생긴다.

열의 이동

열은 전도, 대류, 전자기복사(p.52) 세 가지 방법으로 이동할
수 있다. 전도 및 대류와는 달리 복사는 진공상태의 공간을
통해 열에너지를 전달한다.

전도는 물체가 움직이지 않는 상태에서 열이 물체를 통해
따뜻한 부분에서 상대적으로 온도가 낮은 부분으로 전달되는
현상이다. 기체와 액체의 열전도는 불규칙하게 움직이는
분자들이 충돌하고 확산하면서 발생한다. 고체에서는
분자들이 진동하며 서로 부딪히거나 자유전자가 한 원자의
운동에너지를 다른 원자로 운반함으로써 분자들의 열전도가
일어난다. 열전도율이 가장 높은 물체는 금속이다.

액체와 기체는 유체의 움직임을 동반한 대류 현상을
통해서도 열을 전달한다. 태양의 대기에 존재하는 뜨거운 기체
기포는 더 높고 온도가 낮은 대기층으로 열을 운반한 뒤 식고
다시 아래로 가라앉는다. 열에너지가 한 물체에서 다른 물체로
이동되는 복사 현상을 통해서도 열이 이동한다. 태양빛으로
지구의 대기와 지표면에 있는 분자들이 진동하면서 지구의
온도가 높아지는 것도 복사의 예이다.

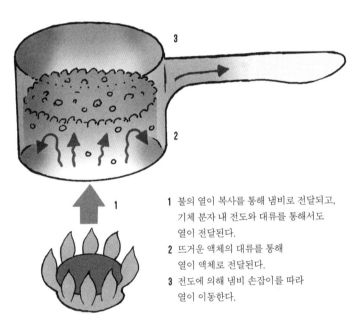

1 불의 열이 복사를 통해 냄비로 전달되고,
   기체 분자 내 전도와 대류를 통해서도
   열이 전달된다.
2 뜨거운 액체의 대류를 통해
   열이 액체로 전달된다.
3 전도에 의해 냄비 손잡이를 따라
   열이 이동한다.

브라운운동

브라운운동은 액체나 기체에 머무르는 상대적으로 큰 입자들이 불안정하고 무질서하게 움직이는 것을 말한다. 공기 중 연기 입자의 움직임이 대표적이다. 브라운운동은 스코틀랜드의 식물학자이자 의사인 로버트 브라운Robert Brown의 이름을 딴 것으로, 1827년에 정립되었다.

브라운은 꽃가루가 물에서 불규칙하게 움직이는 것을 발견했다. 1905년, 아인슈타인은 유체 속에 있는 큰 입자들이 자체 열에너지로 움직이는 훨씬 작은 크기의 유체 분자와 계속 부딪힌다고 추정함으로써 브라운운동을 수학적으로 예측할 수 있음을 증명했다. 시간에 따른 유체 속 입자들의 위치 변화가 이동 시간의 제곱근에 비례한다는 추정도 있었다.

이후 프랑스 물리학자 장 바티스트 페랭Jean Baptiste Perrin이 실시한 실험으로 아인슈타인의 이론이 확인되면서, 직접 관찰할 수 없을 정도로 작은 크기이긴 하지만 분자와 원자가 존재한다는 것이 간접적으로 증명되었다. 지금이야 당연하게 생각되는 개념이지만, 그 당시에는 물질이 작은 입자들로 구성되지 않고 무한히 쪼개질 수 있다는 것이 통념이었다.

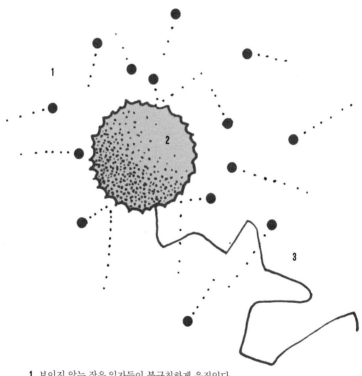

1 보이지 않는 작은 입자들이 불규칙하게 움직인다.
2 액체와 기체 속에 머무는 상대적으로 큰 입자.
3 작은 입자들의 영향으로 인해 큰 입자들이
　불규칙하게 이동한다

일과 에너지

일은 힘과 운동을 통해 나타나는 현상을 의미하고
에너지는 일을 할 수 있는 역량, 즉 일의 과정에서 소모되는
'비용' 같은 개념이다. 움직이는 물체를 기준으로, 힘을 통해
발생한 일의 양은 힘과 이동 거리를 곱한 값이다.

열역학적 측면에서 일의 정의는 좀 더 복잡하다. 예를
들어 일은 기체로 전달된 에너지를 의미할 수 있는데, 이때
그 에너지는 (외부 압력 대비 기체 부피가 확장하는 등) 해당 기체에
거시적인 변화를 발생시켰을 경우에만 해당한다. 투입된
열에너지로 입자들의 열운동량이 거의 증가하지 않았을
때에는 일에 해당되지 않는다.

움직이는 피스톤을 사용해 용기 내 기체를 압축하는
과정에서 발생한 일은 기체 압력에 부피 변화를 곱한 값과
거의 같다. 기체 내부 에너지 변화량은 투입된 열에서 기체가
한 일을 뺀 값이며, 이는 열역학제1법칙(p.28)에 해당된다.

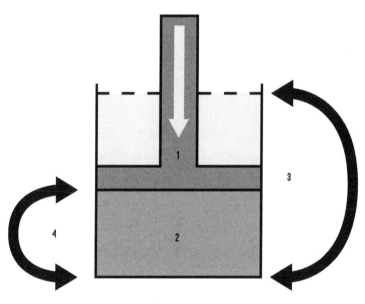

1 피스톤 2 기체
3 압축 전 부피 4 압축 후 부피

열역학법칙

열역학의 네 가지 법칙은 온도 등의 요소와 '열역학
계thermodynamic systems'에서 발생하는 일 사이의 관계를
정의한다. 여기서 열역학계는 컨테이너 속에 있는 기체
분자처럼 열역학 에너지를 가진 모든 물질을 일반적으로
지칭하는 말이다.

'열평형'은 서로 접촉해 있는 두 물체가 같은 온도에 도달해
더 이상 에너지를 교환하지 않는 상태를 말한다. 열역학
'제0법칙'에 따르면 물체 3과 각각 열평형상태를 이루는 물체
1과 물체 2는 서로에 대해서도 열평형을 이룬다. 직관적으로
명백한 제0법칙은 나머지 열역학법칙 세 가지를 도입한 후에
추가되었다.

열역학 제1법칙은 고립계 내의 에너지가 보존된다는
법칙이다. 화학에너지가 물리 에너지로 전환될 수는 있지만,
에너지의 총합은 동일하게 유지된다. 제2법칙에 따르면
에너지의 성질이나 역할이 다양하기 때문에 고립계의
엔트로피(역학적 일을 하지 않는 에너지 투입의 척도)는 항상 증가한다.
제3법칙은 절대영도(p. 20)에서 엔트로피가 최소가 된다는
법칙이다.

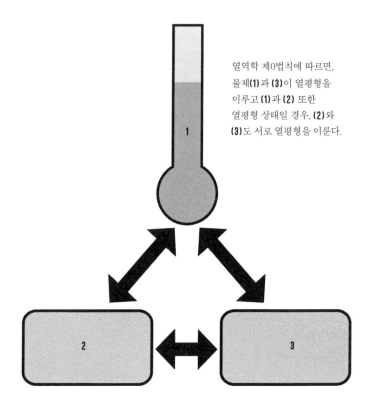

열역학 제0법칙에 따르면, 물체 **(1)**과 **(3)**이 열평형을 이루고 **(1)**과 **(2)** 또한 열평형 상태일 경우, **(2)**와 **(3)**도 서로 열평형을 이룬다.

물질의 상태

기본적으로 물질은 고체, 액체, 기체 세 가지 상태로 존재할
수 있다. 고체는 고정된 부피와 모양을 가진 물질로, 촘촘하게
밀집된 입자들로 구성된다. 액체는 부피를 유지하지만 가장
낮은 곳으로 흐르며, 기체는 팽창해 이용할 수 있는 모든
부피를 차지한다.

물질의 상태는 압력이나 온도 변화에 의해 전환될 수 있다.
표준대기압 상태에서 순수한 물은 0도보다 높은 온도일
경우 고체인 얼음은 녹아 액체가 되며, 100도에서는 증발해
수증기가 된다. 물이 끓는 주전자 안에서 물 분자의 에너지는
동일하지 않으며 종형 곡선을 따른다. 즉 액체와 기체 상태는
공존할 수 있다. 소위 물질의 '삼중점triple point'에서는 고체,
액체, 기체 상태가 모두 공존할 수 있다. 예를 들어 물의 경우
온도 0.01도의 낮은 압력 상태에서는 얼음, 액체, 증기 형태가
동시에 존재할 수 있다.

아주 높은 온도의 이온화된(전기를 띤) 기체인
플라스마plasma는 물질의 '제4의 상태'로 불린다. 플라스마는
태양과 같은 별에서 생성되어 우주로 퍼진다. 좀 더 특이한
물질 상태로는 보스-아인슈타인 응축(p.80)이 있다.

1

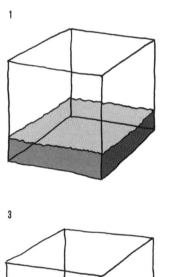

2

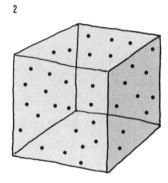

3

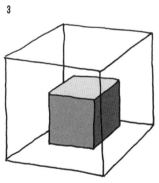

1 액체는 같은 부피를 유지하며
공간 안에서 가장 낮은 곳을 채운다.
2 기체는 공간 안에서
모든 부분을 채운다.
3 고체는 공간의 형태와 관계없이
같은 모양과 부피를 유지한다.

표면장력

표면장력은 액체 표면의 분자들이 서로 끌어당겨 표면적을 최소화하는 힘이다. 액체 표면에 작용하는 표면장력 때문에 액체보다 밀도가 훨씬 큰 바늘 같은 작은 물체들이 사실상 물 위에 '떠 있는' 상태를 유지할 수 있다.

모여 있는 액체에서는 분자들이 모든 방향에서 같은 힘으로 서로 끌어당기기 때문에 모든 힘이 상쇄된다. 그러나 액체 표면의 분자는 위로 작용하는 힘이 없기 때문에 서로 잡아당기면서 아래를 향하게 된다. 이로 인해 액체 표면은 최소한의 면적을 유지한다.

표면장력 때문에 물방울들은 서로 뭉쳐 있게 되며 중력 등의 외부 힘이 없는 한 구 모양을 유지한다. 이것은 구형의 부피 대 면적 비율이 최소이기 때문이다. 호수 위에서 이런 표면장력을 이용하는 동물들을 많이 찾아볼 수 있다. 대표적인 예는 소금쟁이로, 표면장력에 의존해 물 위를 걸어 다니고 몸과 다리에 있는 섬세한 털을 통해 근처에 있는 먹잇감에서 오는 진동을 감지한다.

1 표면에 있는 분자들에 안쪽으로 끌어당기는 인력이 작용해
   표면 전체에 인장력이 형성된다.
2 안쪽 액체에 있는 분자들 사이에 동일한 인력이 작용한다.

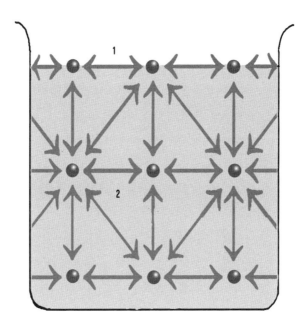

아르키메데스의 원리

아르키메데스의 원리에 따르면 유체(액체 또는 기체)에 담긴 물체에 작용하는 부력은 그 물체가 빠진 상태의 유체 무게와 같다. 물체의 평균 밀도가 유체보다 클 경우 가라앉는다.

아르키메데스는 기원전 3세기 무렵 그리스의 과학자이자 기술자였다. 이후 역사가들에 따르면 아르키메데스는 순수한 금으로 되어 있어야 하는 왕관에 은이 섞였는지 여부를 알아내는 임무를 맡았다. 아르키메데스는 목욕을 하던 중 목욕탕에 들어가자 물 높이가 올라가는 것을 보고 해답을 찾았다. 왕관을 물에 넣어 넘친 물의 양을 측정함으로써 왕관의 부피를 알아낼 수 있으며, 이런 방법으로 왕관을 훼손하지 않고 왕관의 밀도와 순도를 계산할 수 있다는 것을 깨달았다.

전설에는 아르키메데스가 벌거벗은 채로 거리로 뛰어나가 "바로 이거다!"를 의미하는 그리스어 '유레카Eureka!'를 외쳤다고 한다. 아르키메데스의 원리는 왜 배가 물에 뜨는지, 왜 열 풍선이 공중으로 떠오르는지를 설명해 준다. 열 풍선의 경우, 풍선 안에 있는 데워진 공기의 밀도가 풍선 바깥에 있는 낮은 온도의 공기 밀도보다 낮기 때문이다.

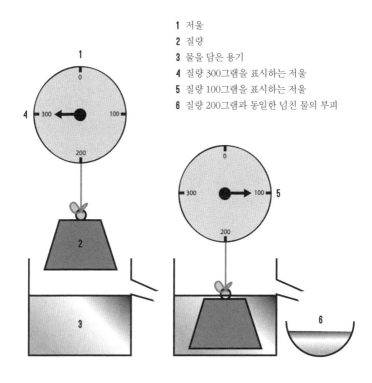

1 저울
2 질량
3 물을 담은 용기
4 질량 300그램을 표시하는 저울
5 질량 100그램을 표시하는 저울
6 질량 200그램과 동일한 넘친 물의 부피

300그램의 물체가 물속에 들어갔을 때 밀어내는 물의 질량은 200그램에 불과하다.
결국 이 물체는 물에 가라앉을 수밖에 없다.

유체역학

　유체역학은 유체(액체와 기체)가 이동하는 방식에 대한
과학으로, 효율적인 항공기, 선박, 송유관 등을 설계하는 데
적용될 뿐만 아니라 일기예보 등 다양한 부문에 적용된다.

　물 위로 이동하는 보트가 받는 가장 대표적인 저항력은
두 가지로, 물에서의 관성력(움직임에 대한 물의 저항력에 해당)과
점성력이다. 유체역학에서 '레이놀즈수Reynolds number'는 배의
선체나 파이프라인처럼 표면을 가로지르는 움직임과 관련해
물의 관성력과 점성력이 상대적으로 중요한 요소라는 것을
보여 준다. 레이놀즈수가 낮으면 유체 움직임이 매끄러우며,
레이놀즈수가 높으면 무질서한 회오리와 소용돌이가
발생한다.

　베르누이 효과Bernoulli effect는 유체역학의 핵심 개념 가운데
하나로, 유체의 이동속도가 빠를수록 그 유체의 압력이
낮아지는 효과를 설명한다. 항공기 날개 위쪽이 곡선인
이유는 날개 위쪽을 넘어가는 공기의 이동 거리를 늘려
속도를 빠르게 만들기 위해서이다. 이렇게 되면 날개 위쪽
공기의 압력이 낮아져 비행기를 띄우는 양력이 형성된다.

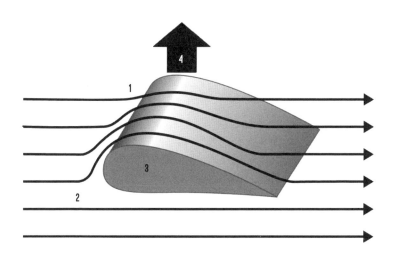

항공기의 유체역학

1 날개 위를 넘어가는 공기의 빠른 움직임
2 날개 아래를 지나가는 공기의 느린 움직임
3 압력이 높은 영역
4 압력이 낮은 영역으로 양력이 형성된다.

파동의 종류

파동이란 공기나 물 같은 매질이나 빈 공간을 통해 전파되는 진동 현상으로, 주로 에너지의 이동을 동반한다.

'횡파transverse wave'는 진동 방향이 파동의 진행 방향과 수직을 이루는 파동이다. 횡파의 일종인 가시광선 같은 전자기복사의 경우, 자기장과 전기장이 파동의 진행 방향과 직각으로 진동한다. '종파longitudinal wave'는 진동 방향이 파동 진행 방향과 평행이며, 기체와 액체 안에 있는 음파가 여기에 해당된다. 물결파water wave는 횡파이면서 종파이기도 하다. 물에 뜬

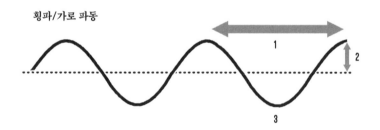

횡파/가로 파동

1 파장: 연속되는 파동의 마루 또는 골 사이 거리
2 진폭: 파동의 높이 또는 진동의 크기
3 진동수: 1초당 일정 지점을 통과하는 파동 마루 또는 골의 수

코르크를 물결이 지나쳐 가면 코르크가 원을 그리며 움직인다.

파동은 파장(파동 주기에서 한 파의 최고조에서 다음 최고조 사이의 거리), 진동수(파동이 특정 지점을 지나는 비율), 진폭 또는 세기에 따라 분류된다. 정상파stationary wave는 고정된 위치에서 발생하는 파동으로, 기타 줄 진동을 예로 들 수 있다. 이런 정상파는 항상 줄의 길이가 반¾파장의 정수배에 해당하므로 현의 길이에 따라 유지할 수 있는 파장이 결정된다.

종파/세로 파동

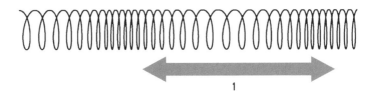

음파

음파는 기체나 액체, 고체를 통해 전파되는 압력 진동이다.
따라서 빈 공간에서는 이동할 수 없다. 기체와 액체 속에 있는
음파는 종파(p.38)이며, 횡음파는 고체를 통해 전달된다.

우리가 소리를 들을 수 있는 이유는 음파가 고막을
진동시키기 때문이다. 이런 진동이 속귀를 통해 신경세포로
전달되고, 신경세포가 뇌로 신호를 보냄에 따라 소리로
인식된다. 파동 진동수가 높다는 것은 기압 변동이 빠른
속도로 발생하고 있다는 뜻이다. 이 경우 소리는 높은 음조로
인식된다. 인간이 들을 수 있는 진동수는 보통 20~2만
헤르츠hertz(초당 반복되는 파동 주기) 사이이며, 나이가 들수록 들을
수 있는 최대 진동수가 낮아지는 경향이 있다.

소리의 속도는 전달 매질에 의해서만 결정된다. 해수면
기준으로 20도의 공기에서 음파의 이동속도는 초속
343미터이다. 한편 소리의 세기는 데시벨decibel로 표시되는데,
일상적인 대화는 약 60데시벨이고, 오토바이의 엔진 소리는
100데시벨을 넘기도 한다.

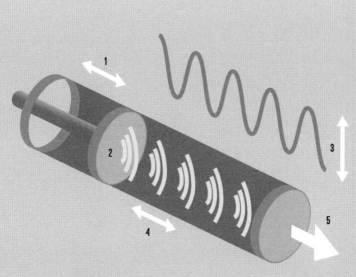

피스톤 내 음파

1 진동으로 인해 음파가 생성된다.
2 피스톤 진동
3 세기: 마루 간의 압력 변화
4 파장: 마루 간의 거리
5 파동 전파 방향

도플러 효과

도플러 효과는 파원wave source과 관찰자의 움직임에 따라
파장의 진동수가 변화하는 현상이다. 소방차의 사이렌 소리가
가까워질수록 높은 음조로 들리다가 멀어지면서 낮아지는
이유도 도플러 효과 때문이다.

음원이 관찰자를 향해 움직일 때는 연속 파동의 발생
위치가 관찰자에게 점점 가까워지기 때문에 파동의 이동
거리가 짧아져 관찰자가 소리를 좀 더 빨리 감지하게 된다. 즉
음파가 모여들면서 진동수가 높아지는 것이다. 반대로 음원이
관찰자에게서 멀어질 경우에는 연속 파동의 발생 지점이
점점 멀어지며, 이에 따라 파동의 파장이 길어지고 진동수가
낮아진다.

도플러 효과는 오스트리아 물리학자 크리스티안
도플러Christian Doppler의 이름을 딴 것으로, 그는 1842년 빛의
파동 효과를 설명했다. 진동수에 따라 빛의 색깔도 달라지기
때문에, 도플러 효과에 따라 빠른 속도로 관찰자에게 접근하는
경우와 관찰자에게서 멀어지는 경우 광원의 색깔은 달라진다.
예를 들어 녹색 빛은 관찰자에게 가까워질수록 파란색으로,
멀어질수록 붉은색으로 보인다.

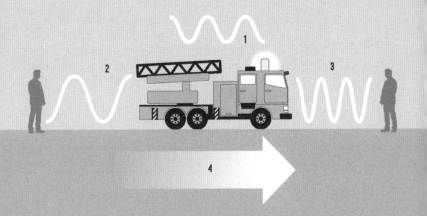

1 소방대원이 소방차에서 듣는 소리
2 소방차 뒤 관찰자에게 도달하는 낮은 진동수의 파동

3 소방차 앞 관찰자에게 도달하는 높은 진동수의 파동
4 이동 방향

전하

전하는 전자를 포함한 표준 입자 모형(p.84) 다수가 가진 성질이다. 전하 때문에 입자들은 다른 하전 입자(전하를 띠는 입자)에서 힘을 느끼게 된다. 전하에는 양전하와 음전하가 있으며, 음전하 입자는 다른 음전하 입자를 밀어내는 한편 양전하 입자는 끌어당긴다.

전하의 단위는 쿨롬(C)이다. 1쿨롬은 1암페어의 전류가 1초당 운반하는 전하량이며, 전자 한 개의 전하량은 -1.602×10^{-19}C이다. 단순화를 위해, 전자의 전하는 보통 -1로 표시되고 양성자는 $+1$로 표시된다.

전하는 지구와 건물, 동물 등의 고체 구조를 형성한다는 점에서 우리의 존재 자체에 중요한 역할을 한다. 원자는 대부분이 빈 공간이지만, 주변 원자들 안에서 전자들이 서로 밀어내는 힘 때문에 서로를 통과하지 않는다. 태양의 대기에서 돌아다니는 하전 입자들 또한 복사를 생성해 지구 표면을 따뜻하고 쾌적한 상태로 유지하는 중요한 역할을 한다.

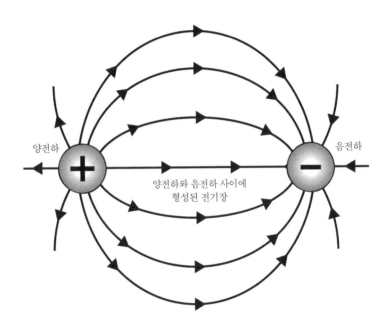

양전하

음전하

양전하와 음전하 사이에
형성된 전기장

전류

전류는 전자가 이동하면서 운반되는 전하의 흐름을 말한다.
전류는 전위차나 전압이 적용되는 배터리의 양극 및 음극과
연결된 구리와 같은 전도체를 통해 흐른다. 이때 전선 안에서
전자들은 양극을 향해 움직인다.

국영 전기 시설망은 주기적(보통 초당 50~60번)으로 번갈아서
반대 방향으로 흐르는 교류를 전달한다. 전류의 단위는
암페어ampere로, 1암페어는 초당 1쿨롬〔p.46〕전하가 이동한다는
뜻이다.

전기저항은 물질이 전류 흐름에 저항하는 정도를 나타내며,
단위는 옴ohm이다. 은과 구리와 같은 금속은 저항이 낮아
전류가 쉽게 흐르는 한편, 플라스틱과 나무는 저항이 높기
때문에 전도체로 적합하지 않다. 전선 안에서 흐르는 전류는
적용된 전압을 저항으로 나눈 값과 동일하며, 단위시간당
전달되는 에너지를 의미하는 전력은 전압에 전류를 곱한
값이다.

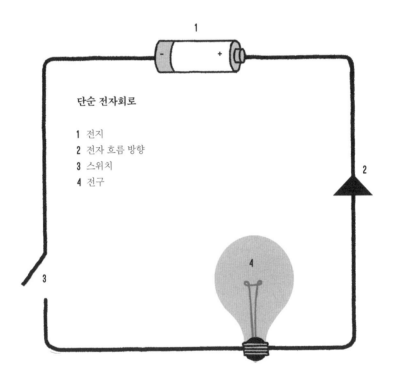

단순 전자회로

1 전지
2 전자 흐름 방향
3 스위치
4 전구

자성

자성은 물질이 자기장 안에서 힘을 받도록 하는 성질이다.
막대자석 근처의 철 가루가 일정한 패턴으로 정렬되고,
냉장고 자석이 냉장고에 붙는 것이 대표적인 예이다.

막대자석은 자성을 띤 금속 조각으로 대부분 철로
되어 있는데, N극과 S극의 '쌍극' 자로 이루어진다. 반대
극끼리는 서로 끌어당기는 한편 같은 극끼리는 밀어낸다.
영구 자석에서 자기장이 생기는 이유는 스핀spin이라고 하는
고유의 성질 때문이다. 스핀은 자석 안에 있는 전자가 자체
소규모 자기장을 생성하게 한다. 철과 같은 물질에서 짝이
없는 홀 전자의 스핀은 정렬되는 경향이 있다.

1800년대 초에 과학자들은 자성과 전류가 밀접한 관계가
있다는 것을 발견했다. 구리 전선을 통해 흐르는 전류가
막대자석과 비슷한 쌍극 자기장을 형성하는 것을 예로 들
수 있다. 현대의 전자석은 35테슬라tesla에 이르는 기록적인
자기장을 형성한 바 있다(1테슬라는 지구 자기장(p. 258)보다 약 2만
배 더 강력하다).

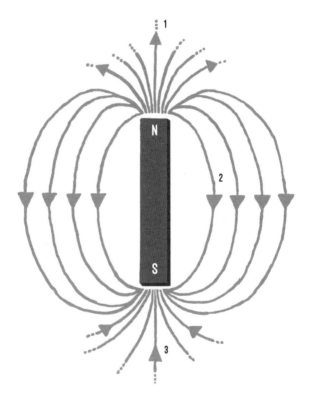

1 자석 N극에서 형성되는 자기장
2 자석 바깥쪽을 굽어 도는 자기력선
3 자석 S극으로 굽어 돌아가는 자기장

전자기유도 및 전기용량

전자기유도는 전도체가 자기장을 통과해 움직일 때 발생한다. 1831년 영국 과학자 마이클 패러데이Michael Faraday는 유도현상 때문에 전류가 전도체를 통해 흐르는 것을 발견했다. 전자기유도는 전기모터에서 발전기에 이르는 전기장치의 작동에 근원이 되는 현상이다.

발전기는 터빈의 회전운동을 전기로 전환시키는 한편, 전기모터는 이와 반대로 전류를 통해 회전운동을 만들어 낸다. 두 경우 모두 움직임과 자기장, 전류가 서로 직각을 이루는데, 그 방향은 왼손법칙과 오른손법칙으로 설명된다. 영국의 엔지니어였던 존 앰브로즈 플레밍John Ambrose Fleming은 쉽게 기억하기 위해 이런 법칙들을 고안해 냈다.

전기회로는 또한 '자기유도self-inductance'를 하는데, 전선 안에서 전류 변화로 변하는 자기장이 형성되고, 이에 따라 전류가 유도되는 현상이다. '유도자inductor'는 유도된 자기장 안에 있는 에너지를 저장하기 위한 전기 부품이며, '축전기capacitor'는 전기장 안에 있는 에너지를 저장한다. 단순 축전지의 경우 평행으로 있는 두 도체판에 반대 전하가 축적된다.

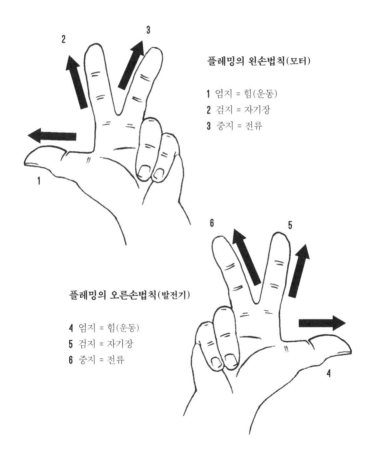

플레밍의 왼손법칙(모터)

1 엄지 = 힘(운동)
2 검지 = 자기장
3 중지 = 전류

플레밍의 오른손법칙(발전기)

4 엄지 = 힘(운동)
5 검지 = 자기장
6 중지 = 전류

전자기복사

전자기복사는 빈 공간을 통해 이동하는 에너지의 일종으로,
가시광선이 여기에 속한다. 세포를 손상시켜 방사선 병을
유발하는 감마선과, 무선통신 기술에 필수적인 전파도
전자기복사에 속한다.

전자기복사는 진동하는 전자 및 자기장으로 구성된
횡파(p.38)이다. 진공상태에서 전자기복사는 초당 30만
킬로미터를 이동하지만, 종류에 따라 파장의 차이가 상당히
크다. 감마선의 파장은 원자보다도 작을 때가 많은 반면,

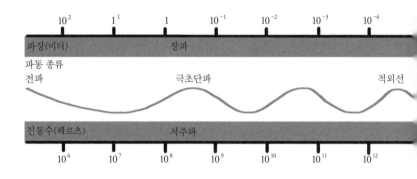

전파의 파장은 수천 킬로미터에 달할 수 있다.

우리가 볼 수 있는 전자기 스펙트럼의 범위는 보라색에서
빨간색에 이르는 무지개 색깔의 가시광선으로 제한된다.
지구의 대기를 통과해 들어오는 햇빛이 물체에 반사되어
우리는 그 물체를 볼 수 있다. 다수의 곤충과 물고기,
새들은 자외선도 볼 수 있는데, 꿀벌이 꽃에 이끌리는 것도
자외선 때문이다. 감마선은 투과력이 훨씬 강하며 납을 수
센티미터까지 통과할 수 있다.

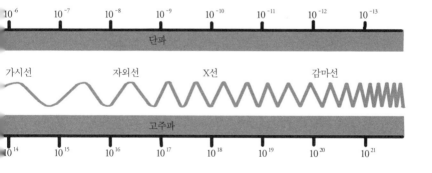

전자기 스펙트럼은 낮은 진동수인 전파에서 높은 진동수인 감마선에 이른다.

광자

광자는 전자기복사〔p.52〕를 구성하는 양자로 빛의 기본 '단위'이다. 진공상태에서 모든 광자는 초당 30만 킬로미터로 이동한다.

빛은 파동이면서 입자의 흐름〔p.68〕일 수도 있는 두 얼굴의 개념이다. 알베르트 아인슈타인은 금속 조각에 빛을 비추었을 때 전자가 튀어나오는 '광전효과photoelectric effect'를 설명함으로써 입자로서 빛의 성질을 제시했다. 특이한 점은 흐릿한 푸른빛은 광전효과가 있으나 붉은빛은 밝기와 상관없이 광전효과를 일으키지 않는다는 것이다. 아인슈타인은 그 이유가 빛이 별개의 에너지 집합으로 구성되어 있기 때문임을 발견했다. 푸른빛의 광자 한 개는 금속에서 전자 한 개를 튕겨 낼 수 있는 에너지를 가진 반면, 붉은빛의 광자는 아무리 많아도 그런 에너지에 도달하지 못하는 것이다.

광자는 질량이나 전하는 없으나 운동량을 가지고 있다. 광자 한 개의 에너지는 해당 빛의 진동수에 비례하며, 감마선 광자gamma-ray photons가 가진 에너지는 전파 광자radio photons 에너지의 무려 수십억 배에 달한다.

1 푸른빛의 고에너지 광자는 전자를 튀어나오게 한다.
2 붉은빛의 저에너지 광자는 전자를 튀어나오게 하는 힘이 없다.

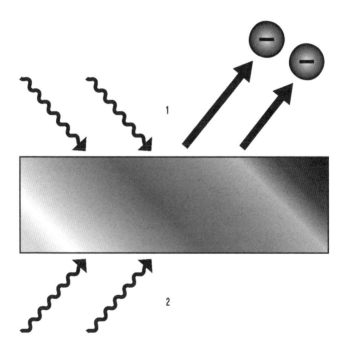

레이저

레이저 광은 일반 빛에 비해 훨씬 더 조직화되어 있는데, 마치 행진하는 군대와 부산한 군중에 비유할 수 있다. 전구의 빛이 다수의 파장을 가지고 있는 한편, 레이저 광의 파장은 하나뿐이다. 레이저 광의 빛줄기는 일반 빛보다 훨씬 폭이 좁고 '일관성이 있다.' 즉 파동이 같은 방향으로 움직이며 마루와 골이 정렬된다. 1960년대에 처음 발견된 레이저는 '유도방출에 의한 빛의 증폭Light Amplification by Simulated Emission of Radiation'의 줄임말이다.

레이저 광은 원자나 분자가 고에너지 수준에 도달해 특정 에너지(과열된 입자가 원래 상태로 진정되기 위해 발산하는 에너지)의 광자와 충돌할 때 생성된다. 이때 입자들은 이런 광자와 동일한 성질을 가진 복제본을 생성하게 되는데, 이런 연쇄반응으로 레이저 빔이 생겨난다.

레이저는 DVD 플레이어의 표시 정보와 바코드 스캐너, 병원의 수술 도구 등 일상생활에 다양하게 활용되고 있다. 미래에 감마선 레이저가 상용화되면 현재 발전기의 수백만 배에 이르는 에너지를 사용할 수 있을 것이다.

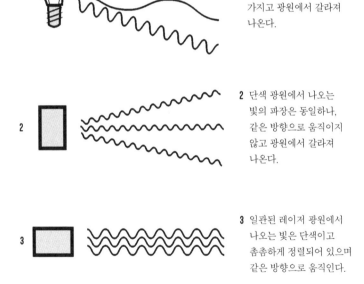

1 일반 광원에서 나온 빛은 다양한 파장과 진동수를 가지고 광원에서 갈라져 나온다.

2 단색 광원에서 나오는 빛의 파장은 동일하나, 같은 방향으로 움직이지 않고 광원에서 갈라져 나온다.

3 일관된 레이저 광원에서 나오는 빛은 단색이고 촘촘하게 정렬되어 있으며 같은 방향으로 움직인다.

반사와 굴절

여러 상황에서 빛은 장애물에 도달할 때까지 직선으로
움직이는 단순한 횡파(p.38)로 간주될 수 있다. 빛은 거울
등의 매끄러운 표면에서 단순한 방식으로 반사된다. 이때
반사각(거울과 직각을 이루는 '법선normal'을 기준으로 측정)이 입사각
또는 접근각과 동일하다는 법칙이 성립한다.

굴절은 빛이 빈 공간이나 공기 같은 투명한 매개체에서 물
같은 또 다른 투명한 매개체로 이동할 때 발생하는 현상이다.
빛의 이동속도는 진공상태에서보다 물속에서 더 느리기
때문에, 이런 속도 변화로 인해 빛이 굴절된다. 진공상태에서
빛의 속도와 물속에서 빛의 속도 간의 비율을 물의 '굴절
지수refractive index'라고 하는데, 약 1.33이다.

빛은 밀도가 높은 매체를 통과할 때는 법선 쪽으로
구부러지고, 밀도가 낮은 매체를 통과할 때에는 법선에서
멀어지며 구부러진다. 이런 원리를 사용한 안경의 유리
렌즈와 망원경 같은 광학 장치는 시력을 교정하거나
별빛을 관찰하기 위해 광선을 특정한 각도로 굴절시키도록
만들어졌다.

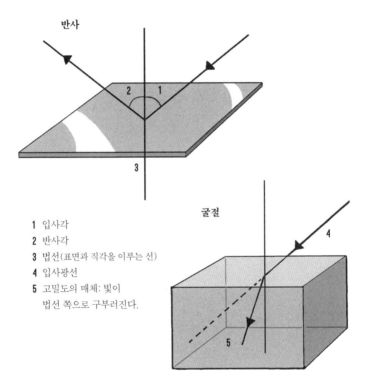

반사

1 입사각
2 반사각
3 법선(표면과 직각을 이루는 선)
4 입사광선
5 고밀도의 매체: 빛이
   법선 쪽으로 구부러진다.

굴절

회절

회절은 파동이 장애물을 만났을 때 휘는 현상이다.
대표적인 예로, 길고 직선인 파면은 좁은 틈을 통과할 때
물결이 펼쳐지면서 틈 너머로 작은 원형 파동을 형성한다.

회절 현상은 물이 담긴 넓은 쟁반에 틈이 두 개 있는
장애물을 놓고 물결을 일으키는 실험으로 쉽게 관찰할 수
있다. 직선으로 장애물에 도달한 물결은 두 개의 틈을 지나
작은 원형 파동을 형성하며, 밖으로 이동하면서 간섭(p.64)을
받아 마루들은 서로 증폭되고 마루와 골은 상쇄된다. 한편
빛의 회절 패턴은 직관적이지 않을 수 있으며 레이저 광을
통해 가장 잘 관찰된다. 네모난 구멍을 통과하는 빛의 회절
패턴은 십자형을 형성한다. 반면에 원형 구멍을 통과하는
빛의 회절 패턴은 일련의 동심원을 형성한다.

얇은 구름 속에 있는 물방울이나 얼음 결정 때문에
일어나는 회절 현상으로 태양이나 달 주변에 아름답고 밝은
테두리가 생기기도 한다. 그러나 회절로 인해 카메라와
현미경, 망원경 등으로 찍은 이미지의 선명도가 근본적으로
제한되기 때문에 회절 현상은 광학 장치 설계자들에게
골칫거리를 안겨 주는 경우가 많다.

1 평행으로 움직이는 직선 파동
2 좁은 구멍
3 구멍을 통과하면서 생기는 굴절 파동

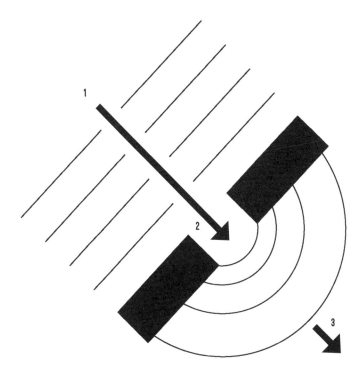

편광

편광은 진동 방향이 제한된 횡파[p. 38]의 성질로, 일반적인 빛 같은 전자기복사의 맥락에서 자주 논의된다. 일반적 빛의 경우, 같은 평면 위에서 '흔들리는' 광선만을 전달하는 필터를 이용해 편광 현상을 만들 수 있다.

빛은 서로 수직을 이루어 진동하는 전기장과 자기장으로 구성되지만, 일반적인 태양빛이나 횃불에 있는 전기장은 모든 평면 위에서 진동한다. 직선편광 광선linearly polarized light beam에서는 전기장 진동이 하나의 평면에서만 발생한다. 직선편광 광선은 또한 원편광circularly polarized light을 만들어 낼 수도 있다. 광선이 공간을 통과해 이동할 때, 전기장 진동은 나선형으로 계속 회전하면서 원편광이 일어난다.

평평한 바닥이나 안정된 물 등의 표면에서 반사된 빛은 수평으로 편광이 일어나는 경향이 있다. 편광된 선글라스는 긴 고리로 구성된 분자들이 있는 필터를 사용해 반사되는 빛을 줄인다. 이런 과정에서 우선적으로 수평 편광된 빛이 흡수되기 때문에, 수직적 성분만이 선글라스를 통과하게 된다.

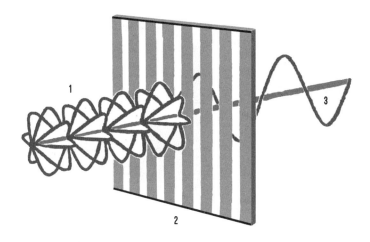

1 여러 평면에서 진동하는 편광되지 않은 평범한 빛
2 좁은 창살 역할을 하는 편광 필터
3 필터를 지난 후 한 평면에서만 진동하는 편광된 빛

간섭

간섭현상은 파동이 겹쳐질 때 발생한다. 웅덩이에 돌 두 개를 떨어뜨리고 잔물결이 퍼져 나가는 것을 지켜보면, 잔물결들이 포개져 독특한 패턴을 형성하는 것을 볼 수 있다. 이런 패턴에는 중첩되는 물결의 마루와 골이 서로 증폭되는 '보강 간섭constructive interference'과, 마루와 골이 서로 상쇄되어 소멸되는 '상쇄 간섭destructive interference'이 있다.

물 위에 뜬 얇은 기름 막은 기름 위와 기름-물 경계에 햇빛이 반사될 때 다채로운 빛의 간섭 패턴을 형성한다. 두 반사 현상의 경로 길이가 다르기 때문에, 재결합할 경우 빛의 특정 파장이나 색깔에 따라 보강 간섭이나 상쇄 간섭이 나타난다. 이에 따라 백색광이 무지갯빛으로 퍼져, 각도에 따라 색이 다르게 보인다. 반들반들한 CD나 DVD의 여러 개 홈에 반사된 빛도 비슷한 방식으로 다채로운 간섭현상을 만든다.

소리의 간섭현상은 두 개의 음이 거의 동일한 높이일 때 발생할 수 있다. 이때 보강 간섭이나 상쇄 간섭에 의해 '비팅beating'이라고 하는 울림 현상이 나타난다.

광파의 이중 슬릿 실험

1 단일 광원에서 단일 파장의 빛이 생성된다.
2 단일 파장 빛이 이중 슬릿의 장애물을 지난다.
3 스크린 위에 간섭 패턴이 나타난다.

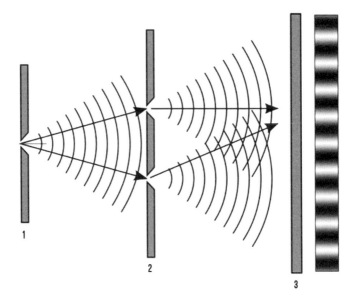

두 개 슬릿을 통과한 파동이 서로 만나 보강 간섭(밝은 부분)과
상쇄 간섭(어두운 부분)을 일으켜, 스크린에 줄무늬가 형성된다.

양자역학

양자역학은 가장 작은 단위의 물질과 에너지의 이상 작용을 설명하는 물리학의 영역이다. 20세기 초 무렵에 여러 실험을 통해 고전(뉴턴)물리학의 결함이 드러나면서 과학자들은 양자역학을 연구하게 되었다. 예를 들어 전자에 태양의 궤도를 도는 행성들과 같은 법칙을 적용할 경우, 전자는 순식간에 원자핵 쪽으로 떨어져야 하지만 그렇지 않았다.

양자역학 연구가 시작되면서 하이젠베르크의 불확정성원리(p.70) 등 가장 작은 단위의 영역에서 나타나는 이상 현상들을 설명하기 위한 이론들이 나오기 시작했다. 양자역학의 핵심 개념 가운데 하나는 원자 내 전자의 에너지와 같은 입자들의 성질이 개별적으로만 변할 수 있다는 것으로, 이를 '양자화quantized'라고 한다.

양자의 세계는 독특하며 예측할 수 없다. 일상적인 실험에서는 전자를 잡아 힘을 가하면 그 전자가 어디로 움직일지 예측할 수 있어야 한다. 그러나 양자역학에서는 이런 예측이 불가능하다. 전자가 특정 장소에 도달할 가능성을 추산할 수는 있지만, 위치를 측정하지 않는 한 그 전자는 가능한 모든 곳에 동시에 존재한다.

원자에 대한 '보어 모형Bohr model'에서 전자는 양자화된 '궤도' 안에서
원자핵의 궤도를 돈다. 여기서 전자는 에너지를 흡수하거나 방출함으로써
궤도와 궤도 사이로만 움직일 수 있다.

1 전자가 에너지를 흡수해 높은 궤도로 이동한다.
2 전자가 낮은 궤도로 떨어지기 위해 에너지를 방출한다.

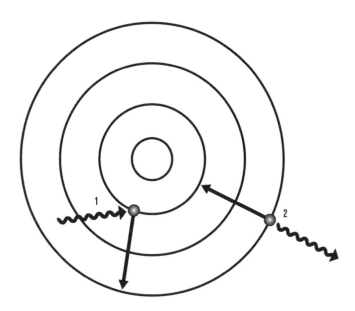

파동-입자 이중성

　파동-입자 이중성은 가장 작은 단위의 물질과 에너지가
입자와 파동의 성질을 동시에 지닌다는 개념이다.
일상생활에서 입자는 작은 발사체처럼 움직이는 한편, 파동은
호수 위에서 생기는 잔물결처럼 퍼져 나간다. 양자역학에서는
이런 구분이 모호해진다.

　'이중 슬릿 실험'에서 전자의 이런 이중성이 나타난다.
근원에서 생겨난 전자가 두 개의 슬릿을 통과해 인광성
스크린에 도달하면, 광파(p.64)의 경우와 비슷한 간섭이
발생하게 된다. 밝은 띠와 어두운 띠가 스크린에 형성되는
것도 이 때문이다. 뿐만 아니라 전자가 한 번에 한 개씩만
나오도록 근원을 조정한다 하더라도, (고전물리학에 따르면 이 경우
전자는 두 개의 슬릿 가운데 하나만 통과할 수 있기 때문에 스크린의 두 영역
가운데 한 곳에만 도달할 수 있다) 여전히 간섭 패턴은 오랜 시간
동안 축적된다.

　특이하게도, 이 실험에서 각 전자가 어떤 슬릿을 통과하는지
감지하도록 설정을 조정할 경우, 간섭현상은 사라진다. 입자에
해당하는 위치의 정보와 파장에 해당하는 간섭 패턴을 동시에
관찰할 수는 없다.

1 이중 슬릿 장벽
2 '이중 슬릿' 장애물
3 전자가 파장과 같은
   간섭을 형성한다.
4 전자가 많이 검출되는
   스크린 위치
5 전자가 거의 검출되지 않는
   스크린 위치

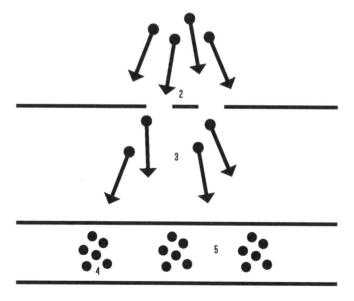

불확정성원리

하이젠베르크의 불확정성원리는 양자 세계의 모호함을 강조하는 개념이다. 이 이론은 입자의 위치 및 운동량과 같은 특정한 성질 두 가지를 동시에 정확하게 측정할 수 없다는 것을 의미한다. 해당 입자의 위치가 정확할수록 운동량에 대한 정확도는 떨어진다. 독일 물리학자인 베르너 하이젠베르크는 입자의 파동과 같은 성질에서 기인한 이런 불확정성원리를 1927년에 발표했다.

확실한 위치를 가진 유일한 파동은 한 점에 집중되어 있다.

1 위치의 불확정성: 물체의 파장이 정확하게 파악될수록
  그 물체의 위치에 대한 정확도는 낮아진다.

/ Uncertainty principle

그러나 이런 파동의 경우, 파장, 즉 운동량이 분명히 규정되지 않는다. 반대로 파장이 정확한 유일한 파동은 길이와 위치가 명확하지 않다. 따라서 특정 입자의 정확한 위치와 운동량이 동시에 존재하는 상태는 없는 것이다.

하이젠베르크의 불확정성원리는 이런 모호함을 정량화한다. 위치와 운동량의 불확실성을 곱한 값은 '플랑크상수Planck's constant'인 h(초당 6.6 × 10^{-34}줄joule과 같은 미미한 수)를 4π로 나눈 값보다 크거나 동일해야 한다.

2 파장의 불확정성: 물체의 위치가 명확할수록
파장을 측정하기가 어려워진다.

슈뢰딩거의 고양이

슈뢰딩거의 고양이는 오스트리아 물리학자인 에르빈 슈뢰딩거가 1935년에 제안한 이론으로 입자의 성질이 실제로 관찰되기 전까지는 결정되지 못한다는 양자역학의 역설을 강조한다. 전자의 위치는 실제로 측정되기 전까지 가능한 모든 곳에 '중첩' 상태로 존재한다는 것이다.

방사선 원자핵과 치명적인 독이 담긴 용기가 있는 상자에 고양이를 넣고 상자를 닫았을 때 무슨 일이 일어날지에 대한 사고 실험이 수행되었다. 원자핵이 입자를 방출하면서 붕괴되면 독이 퍼져 고양이가 죽는 설정이다. 양자 이론에 따르면 원자핵이 언제 붕괴될지는 예측할 수 없다. 그렇다면 상자를 열고 실제로 고양이의 상태를 '측정'하기 전까지 고양이는 살아 있는 동시에 죽은 것인가?

오늘날까지도 과학자들은 이 역설에 대한 다양한 해결책을 제시하고 있다. 가장 단순히 생각하자면 양자 이론에서는 이런 역설이 발생할 수 없다. 양자 이론에서 유일하게 가능한 측정은 합리적 측정인데, 슈뢰딩거의 고양이는 죽었거나 살아 있거나 둘 중의 하나이지, 다른 가능성은 없기 때문이다.

방사선 물질(1)의 원자핵이 붕괴되면 치명적인 독(2)이 퍼지게 된다.
원자핵이 붕괴되면 고양이는 죽지만(3), 원자핵이 붕괴하지 않으면
고양이는 살아 있다(4). 양자역학이 제시하는 이런 중첩 상태에 따르면
실제로 관찰될 때까지 고양이는 '죽은' 상태인 동시에 '죽지 않은' 상태라고
할 수 있다.

양자 얽힘

양자 얽힘은 입자 두 개가 서로 아무리 멀리 떨어져 있고 교신할 방법이 전혀 없더라도 서로의 상태에 영향을 주게 되는 이상한 상태를 말한다.

양자역학에서 비롯된 양자 얽힘 현상은 입자 두 개의 성질을 언제나 연결된 상태로 있도록 하는 것이 가능하기 때문에 일어난다. 예를 들어, 편광 상태를 알 수 없지만 측정할 때 반대로 나타나도록 광자 두 개를 연결할 수 있다. 이 두 광자가 편광 상태가 정해지지 않은 상태에서 서로 반대 방향으로 멀리 이동하게 되더라도, 후에 이 가운데 한 광자의 편광 상태를

1 얽힌 입자 한 쌍을 실험실에서 생성한다.
2 두 입자를 아주 먼 거리로 떨어뜨린다.

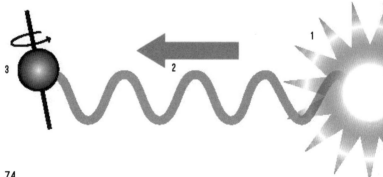

측정하면 나머지 다른 광자는 그와 반대인 편광 상태가 될
것이다. 마치 빛보다도 빠른 속도로 즉각적인 교류가 일어나는
것과도 같다.

알베르트 아인슈타인은 양자 얽힘 관련 이론에 대해
의구심을 가지고 양자 얽힘이 '유령 같은 원거리 작용'이라고
표현하기도 했다. 그러나 여러 실험을 통해 양자 얽힘은
실제로 발생하는 현상으로 밝혀졌다. 과학자들은 스페인
카나리아 제도의 약 140킬로미터 떨어져 있는 섬들 사이에
얽혀 있는 양자를 이동시키는 데 성공했다.

3 두 입자는 얽힌 상태를 유지한다. 한 입자에 대한 양자 정보가 측정될 때…
4 …다른 입자는 즉각적으로 이에 상호 보완적인 상태로 변화한다.

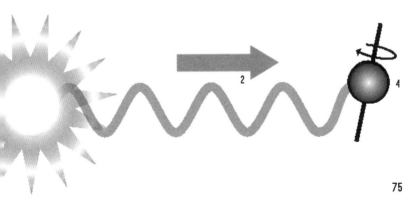

카시미르 효과

양자역학에서 카시미르 효과란 대전되지 않은 두 개의 평행한 금속판이 진공상태에 있을 때 이 두 금속판 사이에 미세한 인력이 작용한다는 개념이다. 이런 현상은 진공상태가 단순히 빈 공간이 아니라 끊임없이 생겨나고 사라지는 에너지와 입자들로 가득한 상태이기 때문에 발생한다.

카시미르 효과는 1948년 네덜란드 물리학자 헨릭 카시미르Hendrick Casimir가 제시했다. 카시미르는 가까이 있는 금속판들이 너무 커서 금속판 사이에 들어갈 수 없는 광파들을 차단한다는 것을 발견했다. 금속판 사이가 수 나노미터(10억분의 1미터)에 불과할 경우, 금속판 바깥쪽의 에너지 밀도가 금속판 사이보다 높아지면서 금속판끼리 서로 붙게 하는 압력이 생겨난다. 바람이 없는 상태에서 나란히 떠 있는 커다란 선박 두 척을 예로 들면 두 선박 사이의 물결은 서로 상쇄되는 한편 선박 바깥쪽의 물결은 두 선박이 서로 가까이 다가가도록 움직인다. 카시미르 효과에는 실험 조건에 따라 반발력도 포함된다. 카시미르 효과는 부품 사이에 반발력을 형성해 부품들이 마찰 없이 움직이게 하는 나노기술 기계(p.122)에 유용하게 사용될 수 있다.

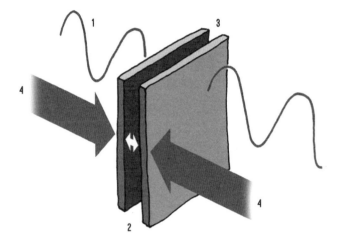

1 금속판 주위 공간에 생기는 빛의 장파장

2 금속판이 빛 파장의 근소한 수준으로 서로 떨어져 있다.

3 빛이 근소하게 떨어져 있는 두 금속판 사이를 통과하지 못한다.

4 에너지 밀도 차이로 인해 외부 압력이 발생해 두 금속판이 붙게 된다.

초유동체

초유동체는 점성이 없는 유동체이기 때문에 마찰을 일으키지 않고 움직인다. 1962년에 실시된 실험들에서 헬륨-4를 절대영도보다 2.17도 높은 온도까지 온도를 내림으로써 처음으로 초유동체를 생산했다. 헬륨-3 또한 초유동체를 형성할 수 있지만 더욱 낮은 온도가 되어야 한다.

초유동체는 별난 움직임으로 잘 알려져 있다. 초유동체 헬륨은 비커에 담겼을 때 비커의 옆 벽을 타고 맨 위까지 올라간다. 또 다른 이상한 성질은 초유동체의 회전이 양자화된다는 점이다. 즉, 정해진 특정 속도로만 회전한다는 것이다. 초유동체가 담긴 용기가 액체의 음속 이하로 회전할 경우 이 초유동체는 움직이지 않는다.

완벽한 초유동체는 또한 무한한 열전도율을 가진다. 초유동체 헬륨 내 열점hot spot은 마치 음파처럼 초속 약 20미터로 전체적으로 퍼져 나간다. '초유동체'라는 이름은 아무 저항 없이 전류를 전도하는 물질을 의미하는 초전도체〔p. 82〕와 같은 맥락에서 붙여졌다.

낮은 온도에서의 헬륨-4 상태

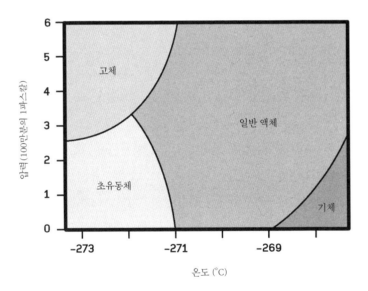

보스-아인슈타인 응축

보스-아인슈타인 응축은 절대영도에 가까운 온도에서 일부 입자들이 최저 에너지 상태로 떨어지면서 형성되는 물질의 특이한 상태를 의미한다. 보스-아인슈타인 응축은 거시적 영역에서 양자 효과를 나타낸다는 점에서 양자역학 부문의 흥미로운 측면이라고 할 수 있다.

아인슈타인과 인도 물리학자 보스Satyendra Nath Bose는 1920년대 중반에 이런 응축물의 존재를 예측했다. 이 응축물은 스핀이라고 하는 양자적 성질의 정숫값을 가지는 '보손boson'이라는 입자에서 형성된다.

1995년 과학자들은 루비듐 원자들을 절대영도에 가깝게 차갑게 만들어 최초의 보스-아인슈타인 응축물을 만들었다. 원자들이 중복되면서 일종의 방울이 생기는데, 이 방울은 하나의 '초원자superatom' 같은 역할을 한다. 보스-아인슈타인 응축은 앞으로 실용적인 용도로 사용될 것으로 기대된다. 레이저가 쉽게 제어할 수 있는 동일한 광자들을 형성해 여러 과학 분야에 널리 활용되고 있듯이, 보스-아인슈타인 응축도 동일한 원자의 정확한 제어가 요구되는 과학 분야에 응용될 수 있을 것이기 때문이다.

/ Bose-Einstein condensates

아래 컴퓨터 모형은 개별 원자들이 동일한 양자적 성질을 띠게 되면서
하나의 `초원자`처럼 행동함에 따라 보스-아인슈타인 응축이 형성되는
과정(왼쪽에서 오른쪽으로)을 보여 준다.

초전도성

초전도체란 아무 저항 없이 전기를 전도할 수 있는
물질이다. 전류는 초전도체의 폐쇄 고리 안에서 영원히
흐르게 된다. 초전도성은 수은 속에서 처음 발견되었다.
절대영도보다 4도 높은 온도에서는 수은의 전기저항이
사라진다.

이론에 따르면 낮은 온도에서 초전도성이 발생하는
것은 결정격자crystal lattice를 통과하는 전자들로 인해 격자의
모양이 변하고, 이에 따라 양전하의 '골'이 형성되어
이후 같은 지점을 통과하는 전자들의 움직임을 촉진하기
때문이다.

지금까지 밝혀진 초전도체로는 금속, 폴리머(중합체),
세라믹이 있다. 초전도성 코일은 아주 낮은 온도로
차가워지면 매우 강력한 자기장을 생성하는 초전도성
자석이 된다. 이런 초전도성 자석은 의학 스캐너 및 시속
580킬로미터 이상에 도달할 수 있는 자기부상열차 등에
사용된다. 이제는 쉽게 도달할 수 있는 0도 이상의 온도에서
초전도성을 가지는 물질을 찾아내는 것이 관건이 되고
있다.

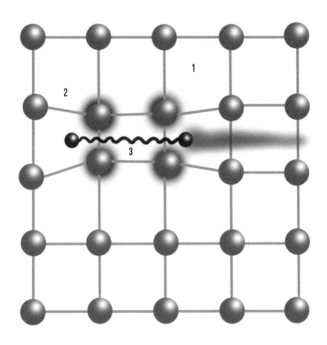

1 전도체의 결정격자
2 격자의 모양 변화로 양전하의 '골'이 형성된다.
3 격자 사이로 쉽게 통과하는 '쿠퍼쌍' 내에서 전자들이 서로 결합된다.

표준 입자 모형

표준 입자 모형은 자연을 구성하는 가장 근본적인 입자들에 대한 설명이다. 물질의 가장 작은 성분들은 두 집단으로 구성된다. 첫 번째 집단은 '쿼크quark'로, 업up, 다운down, 참charm, 스트레인지strange, 탑top, 바텀bottom의 여섯 종류로 나뉜다. 쿼크는 강력(p.86)의 작용을 받으며 전자 내 $+\frac{2}{3}$배나 $-\frac{1}{3}$배의 전하를 가진다. 쿼크가 두 개나 세 개로 쌍을 이룰 경우 양성자 및 중성자 같은 입자를 형성한다.

물질 입자의 두 번째 집단은 '렙톤lepton'이다. 렙톤은 강력에 영향을 받지 않으며, 전자는 가장 친숙한 렙톤이다. 전자와 비슷한 성질이나 더 무거운 입자로는 뮤온muon과 타우tau가 있다. 이 세 가지 렙톤들은 -1의 동일한 전하를 가진다. 나머지 세 가지 렙톤들은 '중성미자neutrino'들로, 전기적으로 중성이고 미미한 질량을 가진다. 중성미자는 태양의 핵반응에서 방출되어 지구로 쉽게 날아 들어온다.

표준 입자 모형은 또한 힘을 매개하는 '게이지 보손gauge boson'과 근본 입자들에 질량을 부여하는 '힉스 보손Higgs boson'의 존재를 설명하는데, 후자는 2013년 유럽입자물리연구소의 대형 강입자 충돌기 실험을 통해 증명되었다.

쿼크

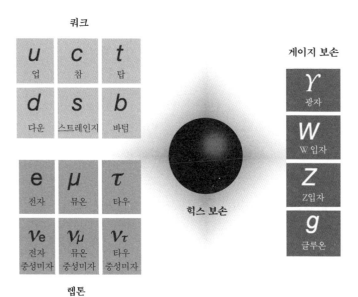

u 업	c 참	t 탑
d 다운	s 스트레인지	b 바텀

e 전자	μ 뮤온	τ 타우
ν_e 전자 중성미자	ν_μ 뮤온 중성미자	ν_τ 타우 중성미자

렙톤

힉스 보손

게이지 보손

γ 광자
W W입자
Z Z입자
g 글루온

강력과 약력

입자 물리학에서 강력(강한 상호작용 또는 강한 핵력이라고도함)은 자연의 기본적인 힘 중 하나이다. 강력은 쿼크를 결합시켜 양성자와 중성자(p.84)를 형성한다. 또한 양성자와 중성자를 원자핵 안에 유지시키는 힘이기도 하다. 강력이 미치는 범위는 일반적인 원자핵 크기와 비슷하다.

약력 또는 약한 상호작용은 자연의 또 다른 기본적인 힘이다. 약력의 범위는 양자 크기의 1,000분의 1 정도로 미미하다. 약력이 작용하는 대표적인 예는 '베타붕괴'로, 약력으로 인해 핵이 전자나 양전자를 방출하면서 전반적인 전하가 바뀌는 현상이다. 약력은 또한 별에서 수소 융합을 시작하고, 한 쿼크가 다른 종류의 쿼크로 바뀌도록 하는 힘이기도 하다.

과학자들은 네 가지 기본 힘인 강력, 약력, 전자기력, 중력을 동일한 수학적 틀 안에서 모두 설명할 수 있는 '모든 것의 이론theory of everythings'(p.90)을 마련하는 방안을 모색하고 있다.

강력은 아래 그림과 같이 원자핵 안의 양성자(**1**)와 중성자(**2**)를 결합시키며,
개별 양성자와 중성자 안의 업쿼크(**3**)와 다운쿼크(**4**) 역시 결합시킨다.

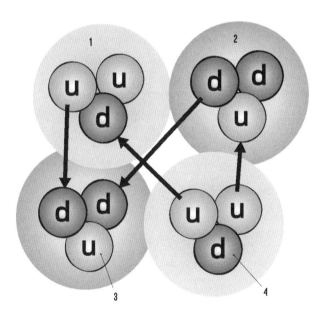

반물질

    반물질은 물질의 '천적'이다. 표준 모형(p. 84)에 속하는
모든 물질 입자는 동일한 질량과 반대 전하를 가진 대응되는
반물질이 있으며, 물질과 반물질이 만나면 접촉과 동시에
서로 상쇄되어 소멸한다.

    1920년대에 영국 물리학자인 폴 디랙Paul Dirac은 자연에
전자와 동일하면서 반대 전하를 가진 입자가 분명히 있을
것으로 예측했다. 이런 반물질(또는 '양전자')은 1932년
실험을 통해 발견되었다. 전자가 양전자를 만나면 서로
상쇄되어 소멸하면서 소량의 감마선으로 전환된다. 미래의
시나리오에서는 별 사이를 이동하기 위해 반물질을 원료로
사용할 것을 제안한다. 반물질이 물질과 반응할 때 아주
효율적으로 에너지를 방출하기 때문이다.

    탄생 당시 우주에 같은 양의 물질과 반물질이 존재했다면
어째서 오늘날에는 물질이 훨씬 더 많은 것인가? 아마도
물질과 반물질 간의 근소한 비대칭으로 인해 물질이
우세해진 것으로 보인다. 한편 멀리 떨어진 우주에 반물질
별들의 은하로 가득 찬 반물질 영역이 아직까지도 존재할 수
있다는 특이한 이론도 있다.

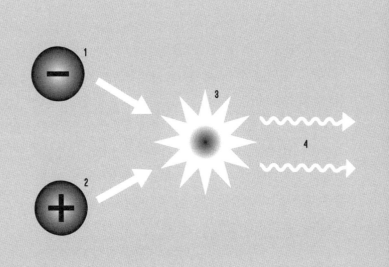

1 전자
2 반전자 또는 '양전자'
3 전자와 양전자가 만나면 서로 상쇄되어 소멸된다.
4 물질 소멸로 생성된 고에너지 감마선

대통일이론

대통일이론은 자연에 존재하는 힘들을 하나의 우산 아래 수학적으로 설명한다. 이 이론은 전자기력과 약력(p.86)을 통합함으로써, 입자들이 아주 활동적이었던 높은 온도의 초기 우주에서 이 두 힘이 하나의 힘처럼 작용했다고 가정한다. 여기에 강력까지 통합시키는 만족스러운 이론은 현재까지 나오지 않고 있다.

대통일이론은 표준 입자 모형(p.84)의 다양한 측면들과 더불어 아직까지 미지의 영역으로 남아 있는 힘의 영역들을 설명할 수 있어야 만족스러운 과학 이론이 될 것이다. 예를 들면, 어째서 쿼크 여섯 개와 렙톤 여섯 개가 존재하는가? 이 입자들은 왜 특정한 질량을 가지고 있는가? 지금까지 개발된 대통일이론은 지나치게 복잡한데다 특이하고 검증되지 않은 물리학 분야들이 적용된다.

최종적인 목표는 '모든 것의 이론'에 다른 힘들과 중력을 통합시키는 것이다. 입자들이 진동하는 작은 끈들과 같다고 가정하는 '끈 이론'이 그 예이다. 그러나 끈 이론은 자연의 실제를 정밀히 설명하고 그것을 시험할 수 있는 예측들을 아직 마련하지 못한 상태이다.

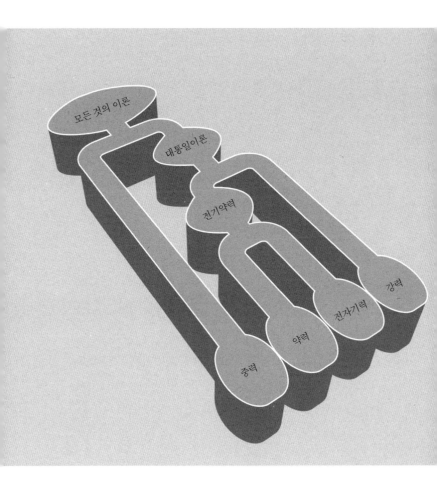

원자구조

　원자는 양성자와 중성자를 가진 작고 밀도 높은 핵과
이를 둘러싸는 전자들로 구성된다. 양성자와 중성자가
전자보다 훨씬 무겁기 때문에, 원자질량의 대부분은
중심핵이 차지한다.

　각각의 화학원소(p. 100)는 핵 안에 고유한 숫자의
양성자를 가지고 있으며, 이를 그 원소의 '원자번호'라고
한다. 예를 들어 양성자 여섯 개를 가진 탄소의 원자번호는
6이다. 그러나 개별 원소들의 핵에 있는 중성자의
숫자는 다를 수 있다. 탄소의 경우 자연적으로 생겨나는
'동위원소'(p. 102)가 세 가지 있으며, 이들의 중성자의 수는
여섯 개에서 여덟 개이다. 원자핵에 있는 양성자와 중성자
수의 합은 '원자질량수'라고 한다.

　원자의 순 전하는 보통 0인데, 이는 전자의 수가
양성자의 수와 같으며 전자와 양성자의 음전하와 양전하가
서로 상쇄되기 때문이다. 그러나 원자에서 전자를 빼내거나
전자를 더해 양전하나 음전하 '이온'을 만들 수 있다.

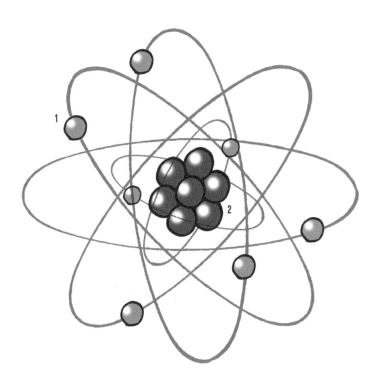

1 핵 주변 궤도를 도는 음전하 전자 **2** 양성자 및 중성자를 가진 핵

원자핵

원자핵은 원자의 중앙에 위치한 양성자와 중성자의 밀도 높은 덩어리로, 많은 전자들에 둘러싸여 있다. 핵은 원자 자체와 비교하면 미미한 크기이다. 원자를 축구장 크기로 확대한다면, 원자핵은 대개 콩 하나 정도의 크기다.

원자의 구조는 1909년 전까지 불분명했다. 1909년 뉴질랜드 물리학자인 어니스트 러더퍼드Ernest Rutherford가 실시한 유명한 실험에서 원자 중앙에 양전하가 빽빽하게 집중되어 있는 것이 관찰되었다. 러더퍼드 연구 팀은 양전하의 알파입자를 얇은 금박 판으로 발사한 결과, 입자들 대부분이 금박 판을 직선으로 통과해 지나가는 것을 발견했다. 그러나 소수의 입자들은 큰 각도로 튕겨져 나왔다. 러더퍼드는 이런 현상이 원자 중앙에 있는 양전하를 띤 작은 핵과 충돌하기 때문에 일어난다는 것을 발견했다.

원자핵이 양성자와 중성자로 구성되었다는 것은 이제는 잘 알려진 사실이다. 양성자들은 자체 양전하로 인해 서로에게 반발력이 작용하지만, 양성자와 중성자 사이에 끌어당기는 강력이 작용해 이런 반발력을 극복하고 핵 구성이 유지된다.

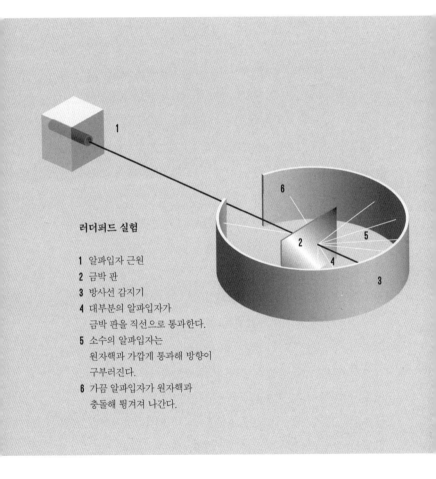

러더퍼드 실험

1 알파입자 근원
2 금박 판
3 방사선 감지기
4 대부분의 알파입자가
  금박 판을 직선으로 통과한다.
5 소수의 알파입자는
  원자핵과 가깝게 통과해 방향이
  구부러진다.
6 가끔 알파입자가 원자핵과
  충돌해 튕겨져 나간다.

방사능

방사능은 불안정한 원자핵이 자체 붕괴되어 훨씬 안정적인 핵종이 되는 과정과 연관이 있다. 이런 분해에는 '알파,' '베타,' '감마'라는 세 종류가 주를 이룬다. 이 이름들은 해당 개념들을 충분히 이해하지 못했을 때 만들어진 후 그대로 유지되어 왔다.

알파붕괴는 무거운 핵이 두 개의 양성자와 두 개의 중성자를 가진 입자를 방출할 때 발생한다. 예를 들어 우라늄-238이 알파붕괴를 하면 두 개의 양성자와 두 개의 중성자가 빠진 토륨-234로 변한다. 베타붕괴의 경우, 중성자가 전자를 방출하면서 양성자로 전환됨에 따라 원자번호가 하나 증가한다. 또는 들뜬 상태의 원자핵이 감마선을 방출하는 감마붕괴도 있다.

안정적이면서 가장 무거운 원소는 납이며, 무거운 원소들은 시간이 지나면서 모두 붕괴한다. 방사능은 무작위적이고 예측할 수 없는 과정이지만, 다수의 동일한 원자들의 붕괴율은 핵 절반이 붕괴하는 데 걸리는 시간인 '반감기'에 따라 결정된다. 반감기는 몇 분의 1초에서 수십억 년에 걸치기까지 다양하다. 심지어 우주의 나이보다 더 길 수도 있다.

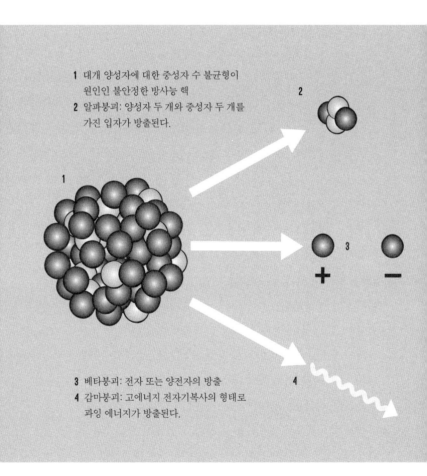

1 대개 양성자에 대한 중성자 수 불균형이
  원인인 불안정한 방사능 핵
2 알파붕괴: 양성자 두 개와 중성자 두 개를
  가진 입자가 방출된다.

3 베타붕괴: 전자 또는 양전자의 방출
4 감마붕괴: 고에너지 전자기복사의 형태로
  과잉 에너지가 방출된다.

핵분열 및 핵융합

핵분열은 무거운 원자핵이 두 개로 쪼개질 때 에너지가 방출되면서 함께 발생한다. 핵은 양성자와 중성자로 구성되어 있으나, 핵의 질량은 핵 안에 있는 양성자와 중성자의 개별 질량을 합친 것보다 항상 작다. 이런 차이는 핵의 결합을 유지시키는 '핵결합에너지'를 측정하는 수단인데, 이 핵결합에너지는 핵이 쪼개질 때 방출된다. 예를 들어 우라늄-235는 쪼개지면서 훨씬 가벼운 원소인 루비듐과 세슘을 형성한다.

핵융합은 이와 반대의 과정으로, 가벼운 핵 두 개가 합쳐져 하나의 무거운 핵을 형성하는 현상이다. 이 결합물은 기존 핵 두 개의 질량 합보다 가볍기 때문에 이 과정에서 에너지가 생성된다. 철보다 무거운 원자들은 분열할 수 있으며, 철보다 가벼운 원자들은 융합이 가능하다.

핵발전소는 핵분열반응을 통해 에너지를 생성한다. 약 20억 년 전 아프리카 가봉의 오클로 지역에서는 매장된 우라늄이 지하수로 인해 농축되면서 자연적인 핵분열이 발생한 적이 있다. 핵융합은 태양의 중심에서 발생하는데, 수소 핵이 헬륨과 융합하면서 태양에너지를 생성한다.

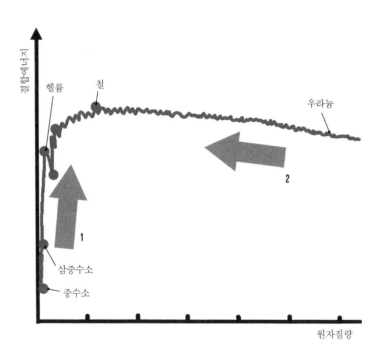

1 철보다 가벼운 핵은 융합 과정에서 에너지를 방출한다.
2 철보다 무거운 핵은 융합 과정에서 에너지를 흡수하지만
   분열 과정에서는 에너지를 방출한다.

화학원소

    화학원소는 자연에 존재하는 가장 단순한 형태의 물질로, 원자핵 안에 있는 양성자 수(원자번호)는 모두 동일한 개별 원자들로 구성된다.

    각 원소의 핵은 음전하 전자들로 된 껍질에 둘러싸여 있고 이 전자들은 양성 핵전하와 서로 상쇄되기 때문에, 전반적으로 원자는 중성 상태가 된다. 수소는 H, 철은 Fe 등 원소마다 표준 화학기호가 있다. 가장 가벼운 원소인 수소는 양성자 한 개와 전자 한 개만으로 구성되는 한편, 원자번호가 92인 우라늄보다 무거운 원소들은 모두 불안정한 상태이며 빠른 속도로 방사성붕괴〔p.96〕를 거친다.

    원소주기율표는 화학원소들을 여러 줄로 나열해 표시함으로써 공통적 성향을 강조한다. 왼쪽에서 오른쪽으로 갈수록 원자번호가 증가하며, 같은 세로 단의 원소들은 화학적 성질이 비슷하다. 예를 들어 가장 오른쪽 세로 단에 있는 네온neon과 아르곤argon은 화합물을 쉽게 형성하지 못하는 불활성기체이다. 이는 화학적 성질의 핵심적인 요소를 의미하는 외곽 전자 배열이 네온과 아르곤의 경우 모두 동일하기 때문이다.

주기율표

1																	18
1 H	2											13	14	15	16	17	2 He
3 Li	4 Be											5 B	6 C	7 N	8 O	9 F	10 Ne
11 Na	12 Mg	3	4	5	6	7	8	9	10	11	12	13 Al	14 Si	15 P	16 S	17 Cl	18 Ar
19 K	20 Ca	21 Sc	22 Ti	23 V	24 Cr	25 Mn	26 Fe	27 Co	28 Ni	29 Cu	30 Zn	31 Ga	32 Ge	33 As	34 Se	35 Br	36 Kr
37 Rb	38 Sr	39 Y	40 Zr	41 Nb	42 Mo	43 Tc	44 Ru	45 Rh	46 Pd	47 Ag	48 Cd	49 In	50 Sn	51 Sb	52 Te	53 I	54 Xe
55 Cs	56 Ba		72 Hf	73 Ta	74 W	75 Re	76 Os	77 Ir	78 Pt	79 Au	80 Hg	81 Tl	82 Pb	83 Bi	84 Po	85 At	86 Rn
87 Fr	88 Ra		104 Rf	105 Db	106 Sg	107 Bh	108 Hs	109 Mt	110 Ds	111 Rg	112 Uub	113 Uut	114 Uuq	115 Uup	116 Uuh	117 Uus	118 Uuo

57 La	58 Ce	59 Pr	60 Nd	61 Pm	62 Sm	63 Eu	64 Gd	65 Tb	66 Dy	67 Ho	68 Er	69 Tm	70 Yb	71 Lu
89 Ac	90 Th	91 Pa	92 U	93 Np	94 Pu	95 Am	96 Cm	97 Bk	98 Cf	99 Es	100 Fm	101 Md	102 No	103 Lr

동위원소

화학원소는 두 개 이상의 동위원소로 존재할 수 있다.
동위원소는 핵 안에 있는 중성자 수가 다르다. 예를 들어 탄소
핵의 양성자 수는 언제나 여섯 개이지만 중성자 수는 여섯
개, 일곱 개 또는 여덟 개가 될 수 있다. 그런 이유로 탄소는
자연적으로 생겨나는 세 가지 형태의 동위원소로 존재한다. 이
동위원소들은 탄소-12, 탄소-13, 탄소-14로 표기된다.

화학적으로 한 원소의 동위원소들은 전반적으로 동일하다.
이는 동위원소들의 화학적 성질이 외곽 전자들에 의해
결정되기 때문이다. 그러나 동위원소마다 핵붕괴 속도는
다르게 나타난다. 예를 들어 지구에 있는 탄소 대부분은 안정적
동위원소인 탄소-12인 한편, 탄소-14는 방사성동위원소로
반감기가 5,700년이다.

방사성동위원소의 반감기는 탄소 연대측정법에 중요한
요소로 사용된다. 살아 있는 나무의 탄소-12 대 탄소-14의
비율은 환경과의 끊임없는 상호작용으로 인해 일정하게
유지되지만, 이 나무가 죽고 나면 이 비율은 시간에 따라 예측
가능한 방식으로 하락한다. 오래된 목재의 탄소-14 비율이 살아
있는 나무의 절반 정도라면 그 목재는 5,700년 정도 된 것이다.

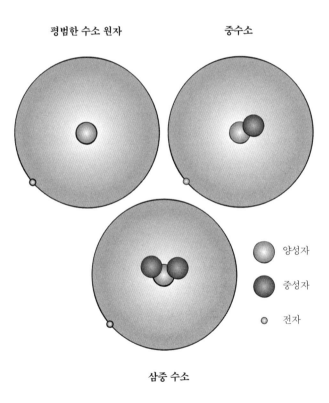

평범한 수소 원자   중수소

양성자

중성자

전자

삼중 수소

동소체

일부 원소들의 원자가 서로 결합하여 다른 구조를 형성한 것을 동소체라고 한다. 예를 들어 지구의 대기 안에 있는 산소는 안정적인 2원자 산소(O_2)와 오존(O_3)의 두 가지 동소체로 존재한다. 오존은 2원자 산소가 태양에서 자외선을 흡수할 때 생성되는 불안정한 분자이다.

고체 탄소에는 세 가지의 주요 동소체가 있다. 다이아몬드는 4면체 격자 형태로 결합한 탄소 원자들로 구성되며, 흑연은 육각형으로 결합된 탄소 원자의 평평한 판들로 구성된다. 풀러렌fullerenes은 구체(버키볼) 또는 튜브 형태의 탄소 원자 결합체로, 축구공 모양 분자 C_{60}을 예로 들 수 있다.

원소의 동소체들은 물리적 성질과 화학적 성질이 크게 다를 수 있다. 다이아몬드는 자연에서 가장 단단하다고 알려진 광물인데, 이는 각각의 탄소 원자가 다른 네 개의 탄소와 4면체 형태로 빽빽하게 결합되어 있기 때문이다. 반면에 흑연은 평평한 판 형태의 결합력이 약해 서로 쉽게 미끄러질 수 있기 때문에 상대적으로 부드럽다. 평범한 2원자 산소는 무색무취의 기체인 한편, 오존은 톡 쏘는 냄새가 나는 옅은 푸른색의 기체이다.

다이아몬드의 4면체 크리스탈 격자 구조

탄소-60 풀러렌의 '버키볼' 구조

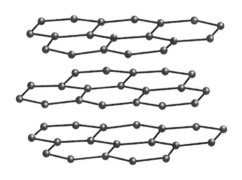

흑연의 판 구조

용액과 화합물

서로 다른 원소들의 원자는 화학반응으로 결합해
화합물을 형성할 수 있다. 예를 들어 수소와 산소 원소가
반응할 경우 물(H_2O)이 생성된다. 화합물의 성질은 구성
원소들의 성질과 아주 다른 경우가 많다. 예를 들면, 수소와
산소는 상온에서 기체 형태이지만 물은 액체이다.

화합물은 화학결합에 의해 특정 구조로 유지되는
고정된 비율의 원자들을 항상 가지고 있다. 그 원자들은
화학반응에 의해서만 원소들로 분리될 수 있다. 화합물과
달리, 혼합물은 화학적으로 결합하지 않고 여과나 증발
등의 단순한 역학적 수단을 통해 분리되는 두 개 이상의
물질들로 구성된다.

혼합물에는 강철(탄소를 가진 철) 등의 합금과 소금물
등의 용액이 포함된다. '콜로이드colloide'는 에멀션
페인트처럼 입자들이 고르게 퍼져 있는 물질을 의미한다.
'현탁액suspension'은 유동체에서 점차 가라앉을 정도의
크기인 고체 입자들이 있는 유동체를 말한다.

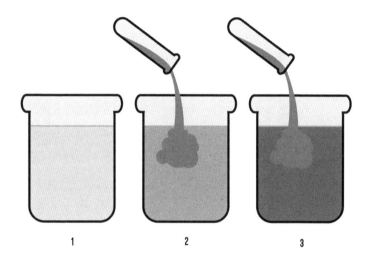

1 희석된 황산구리 용액에는 용해된 황산구리 분자(용질)의 수가
물의 양(용매)에 비해 상대적으로 적다.
2 황산구리를 더 넣으면 용액은 점점 농축된다.
3 용매가 더 이상의 용질을 용해할 수 없는 상태를 '포화' 상태라고 한다.

화학결합

　화학결합을 통해 원소들은 결합되어 화합물을 형성한다. 화학결합이 발생하는 이유는 원자의 최외각 전자껍질(원자가valence 껍질이라고도 함)이 완전히 가득 차거나 텅 비었을 때 그 원자가 가장 안정된 상태이기 때문이다.

　'공유결합covalent bond'은 원자들이 외곽 전자껍질을 채우기 위해 자체 외곽 전자들을 서로 공유할 때 발생한다. 예를 들어 수소의 원자들은 껍질에 외곽 전자 한 개만을 가지고 있으며 이 껍질은 전자를 두 개까지 유지할 수 있다. 수소 원자들이 자체 외곽 전자들을 공유함으로써 외곽 껍질을 꽉 채우기 위해 결합하기 때문에 수소 분자들이 형성된다. 산소 원자는 외곽 껍질에 전자 두 개가 비기 때문에 수소 원자 두 개와 공유결합을 이루어 물이 된다.

　'이온결합ionic bond'은 주로 금속 등의 물질이 다른 원자에 전자 한 개를 전달할 때 발생한다. 예를 들어 염화나트륨(일반 소금)은 나트륨이 염소에 전자 한 개를 제공함에 따라 생성된다. 이때 나트륨과 염화이온이 반대 전하를 가지게 되면서, 두 이온 사이의 정전기력으로 염화나트륨이 형성된다.

수소 분자

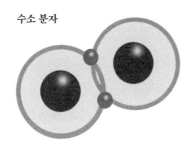

각각의 원자들은 자체 최외곽
껍질에 전자 한 개를 공유해
전자 두 개가 들어가는 최외곽 껍질을
채우고 공유결합을 형성한다.

산소 원자가 수소 원자
두 개와 전자를 공유함으로써
전자 여덟 개로 최외곽 껍질을
꽉 채우고 공유결합을 형성한다.

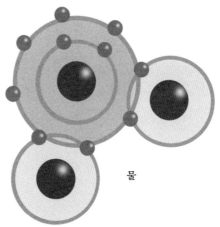

물

화학반응

화학반응은 두 개 이상의 원자나 분자가 상호작용해 다른 화합물로 변화할 때 발생한다. 예를 들어 부식 현상rusting은 철이 산소와 결합해 녹 색깔의 산화철이 형성되기 때문에 일어나는 '산화' 반응이다.

이와 반대 과정인 '탈산소화'는 적철광(Fe_2O_3) 등의 철광석에서 산소를 제거하는 화학반응이다. 더 일반적으로 말하자면 산화는 원자가 결합하면서 전자를 잃는 현상이다. 반면에 탈산소화 과정에서는 원자가 전자를 얻게 된다. '연소'는 연료와 산화 촉진제가 반응해 열을 방출하는 현상이다. 메탄이나 천연가스가 산소 속에서 연소되어 수증기와 이산화탄소를 생성하는 것을 예로 들 수 있다.

'촉매'는 자체의 화학변화 없이 화학반응의 속도를 촉진하는 물질이다. 일부 화학반응들은 되돌리는 것이 가능한데, 질소와 수소가 결합해 암모니아(NH_3)를 생성하는 '하버법Haber process'이 한 예이다. 이 경우 정반응(하버법)과 역반응(암모니아가 질소와 수소로 다시 쪼개지는 반응)이 같은 속도로 발생할 때 평형상태에 있다고 말한다.

메탄의 연소

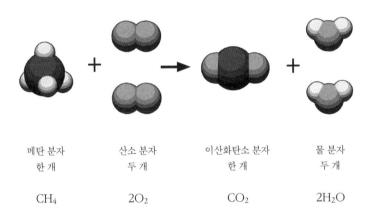

메탄 분자 한 개	산소 분자 두 개	이산화탄소 분자 한 개	물 분자 두 개
CH_4	$2O_2$	CO_2	$2H_2O$

산과 염기

　일반적으로 '산'은 수소 양이온을 과다하게 가진 용액이며, '염기' 용액은 수산화이온(OH^-)을 과다하게 포함한다. 산과 염기는 또한 전자수용체electron acceptor와 전자공여체electron donor로 정의되기도 한다.

　산의 일종인 염산은 염화수소(H^+Cl^-)가 물에 용해됨에 따라 수소이온과 염화이온 사이의 결합이 끊어져 자유 수소 양이온이 방출되면서 생성된다. 이와 마찬가지로 수산화나트륨(Na^+OH^-)도 용해되면 염기성 용액을 생성한다.

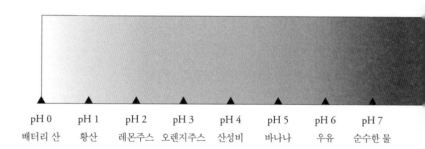

pH 0	pH 1	pH 2	pH 3	pH 4	pH 5	pH 6	pH 7
배터리 산	황산	레몬주스	오렌지주스	산성비	바나나	우유	순수한 물

pH 수치는 산성도를 측정하는 데 사용되는데, 범위는 0(높은 산성)부터 14(높은 염기성)까지다. 자동차 배터리 산의 pH는 0~1 정도이며, 마그네시아유의 pH는 약 10, 순수한 물의 pH는 7이다.

산과 염기는 서로 중화된다. 과다한 수소이온이 과다한 수산화이온과 결합하게 되면 물이 생성되기 때문이다. 이런 중화 작용은 또한 다양한 종류의 소금을 형성한다. 염산이 수산화나트륨과 반응하면 물과 염화나트륨(일반 소금)이 된다.

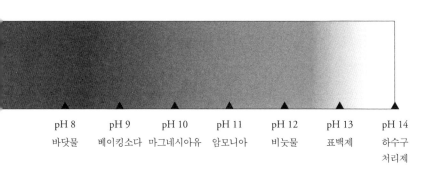

pH 8	pH 9	pH 10	pH 11	pH 12	pH 13	pH 14
바닷물	베이킹소다	마그네시아유	암모니아	비눗물	표백제	하수구 처리제

전기분해

전기분해는 전기를 사용해 화학반응을 촉진하는 과정이다. 양극과 음극을 유동체 안에 넣으면 양전하 이온은 음극 쪽으로 움직여 전자를 수용하고, 음전하 이온은 양극 쪽으로 이동해 산화된다. 예를 들어 용해된 산화알루미늄이 전기분해되면 음극에서는 순수 알루미늄이 생성되고 양극에서는 산소가 기포로 변해 사라진다.

배터리를 사용하면 이런 과정이 효율적으로 반전되면서 전기에너지를 생성하는 화학반응이 발생한다. 구리판과 아연판을 황산 용액 안에 넣으면 두 판 사이에 전류가 흐르게 된다. 이때 전선을 통해 흐르는 전자들이 아연판에서 구리판으로 이동하며, 수소이온과 결합해 수소 기체를 방출한다. 다수의 최신 배터리는 수산화칼륨 페이스트를 전해질로 사용한다.

연료전지는 배터리와 비슷하나, 외부 근원에서 연료를 소비한다. 예를 들면, 연료전지는 계속해서 공급되는 수소 기체를 산화시켜 물을 생성함으로써 전기를 생산한다.

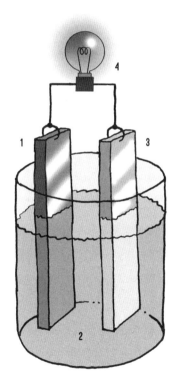

일반 배터리

1 아연 양극이 전자를 잃는다.
2 황산 전해질
3 구리 음극이 전자를 얻는다.
4 전선을 통해 전류가 흐른다.

분자 기하학

　분자 기하학은 분자 안에 있는 원자들의 배치 구조에
따른 분자의 전반적 형태를 설명한다. 단순한 구조의 예로는
이산화탄소($O=C=O$) 같은 선형 분자와 메탄 등 4면체 구조
분자를 들 수 있다. 메탄의 경우 탄소 원자 한 개와 4면체 각
모서리에서 탄소를 둘러싼 수소 원자 네 개로 구성된다.

　삼각 쌍뿔형 구조의 분자는 피라미드 두 개가 서로 맞닿은
듯한 모양이며, 8면체 구조는 여덟 개의 면을 가진 고체
모양이다. 8면체 구조 분자로는 육불화황 화합물(SF_6)을 들 수
있다.

　'이성질체isomer'는 화학식은 같으나 분자구조는 다른
화합물이다. 예를 들어 설탕의 과당은 포도당의 이성질체로,
두 화합물의 분자식은 $C_6H_{12}O_6$로 같지만 원자의 연결 방식은
서로 다르다. 두 개의 이성질체가 서로 거울에 비친 상인
경우도 있는데, 이 경우 분자는 '키랄성chiral'이며 거울에 비친
같은 두 형태는 거울상이성질체enantiomer라고 부른다. 키랄
분자에는 단백질의 기본 단위인 아미노산 대부분이 포함된다.

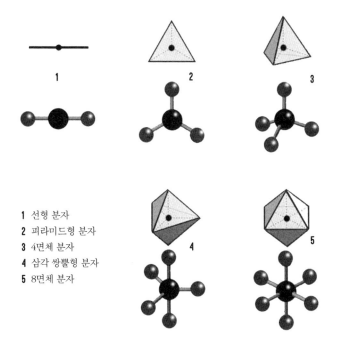

1 선형 분자
2 피라미드형 분자
3 4면체 분자
4 삼각 쌍뿔형 분자
5 8면체 분자

구조식

분자 구조식은 분자 안에 있는 원자들이 서로 어떻게 결합되어 있는지를 보여 준다. 예를 들어 에탄올의 화학식은 C_2H_6O인 한편 구조식은 CH_3-CH_2-OH이다. 메틸기(CH_3)가 메틸렌기(CH_2)의 탄소에 붙어 있고 메틸렌기가 또한 수산기의 산소에 붙어 있는 것을 알 수 있다.

구조식은 다양한 그래픽 수단을 통해 설명될 수 있다. '루이스 구조Lewis structure'는 단순하고 평면적인 방식으로 원자들의 결합 구조를 표시한다. '나타 투영식Natta projection'은 분자구조를 입체적으로 보여 주는 방법으로, 굵은 선과 점선의 삼각형으로 결합을 표시해 결합 방향이 보는 사람 쪽을 향하는지 보는 사람에게서 멀어지는지를 알 수 있다.

'골격 구조식skeletal formula'은 복잡한 유기 분자를 설명할 때 주로 사용된다. 육각형으로 벤젠고리(C_6H_6)를 표시하는 것이 한 예이다. 골격 구조식은 단순한 구조를 유지하기 위해 탄소 및 수소 원자를 구체적으로 표시하지 않는다. 탄소는 각 꼭짓점에 위치하는 것으로 가정하며, 네 개의 결합을 소모하기 위해 필요한 만큼 수소를 동반한다.

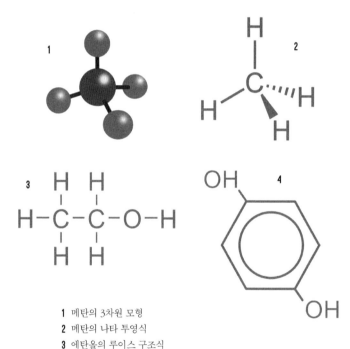

1 메탄의 3차원 모형
2 메탄의 나타 투영식
3 에탄올의 루이스 구조식
4 하이드로퀴논의 골격 구조식

극성

　극성분자는 전하가 일정하지 않게 배치된 분자이기 때문에 분자의 한 면은 양전하, 다른 면은 음전하를 띤다.

　물은 극성분자의 일종이다. 물 분자에서 수소 원자 두 개가 위치하는 면은 양전하가 과잉으로 있게 되고, 전자쌍 공유를 통해 산소와 공유결합을 형성한다. 산소의 경우도 수소 원자 반대쪽 면에 공유되지 않은 전자쌍 두 개가 있기 때문에 해당 면이 음전하를 띠게 된다.

　물 분자는 자체적으로 정렬하는 경향이 있기 때문에 분자 한 개에서 음전하를 띠는 면이 근처 분자의 양전하 면과 나란히 위치하게 된다. 이에 따라 수소결합이라고 하는 약한 2차 결합이 형성된다. 이런 결합으로 인해 물은 얼음이 되면서 결정구조를 취하게 된다. 액체인 물보다 얼음의 밀도가 더 낮은 것도 이 때문이다. 따라서 추운 겨울에 호수에 얼음이 생겼을 때 물 위에 떠 있는 얼음은 단열 이불 역할을 해 호수 전체가 얼어붙지 않게 한다.

물 분자의 극성

1 수소 원자의 결합되지 않은 면 주위에 형성된 음극성 영역
2 수소 원자들 주변에 생긴 양극성 영역

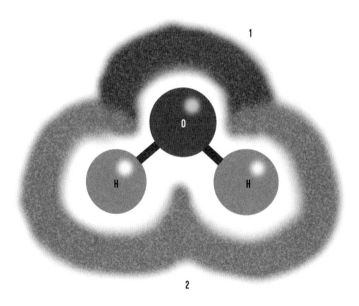

분자 공학

나노기술nanotechnology이라고도 불리는 분자 공학은
10억분의 1미터(머리카락의 10만분의 1 굵기 정도)에 이르는
극미세 물질의 가공을 다루는 분야이다. 분자 공학은
유용한 나노 규모 성질을 가진 물질들을 만든다. 예를
들자면, 불과 3마이크로미터(100만분의 1미터) 두께의 보이지
않는 코팅은 광택 스테인리스강으로 된 자동차 배기관의
부식을 방지한다.

안경에 나노 코팅을 입혀 긁힘 및 오염 방지 기능을
강화할 수도 있으며, 경량 테니스 라켓과 자전거 등에
사용되는 복합재를 강화해 주는 나노 물질들도 있다.
그러나 일부 과학자들은 상품들에 사용되는 나노 입자가
폐로 들어가면 폐암을 야기할 가능성이 있다고 우려한다.

'나노봇'으로도 불리는 나노 기계들은 현재 연구 초기
단계로 개발 중에 있다. 미래에는 상품 포장재에 있는
미세한 나노 감지기가 식중독균을 감지할 수 있게 되고,
나노봇이 혈관 속으로 들어가 세포 속의 손상된 DNA를
복구하고 암세포를 죽일 수도 있을 것이다.

1 혈관 속의 나노봇
2 혈구
3 세포를 복구하는 '이펙터effector'
4 내부 전력원
5 헤엄치는 '꼬리'

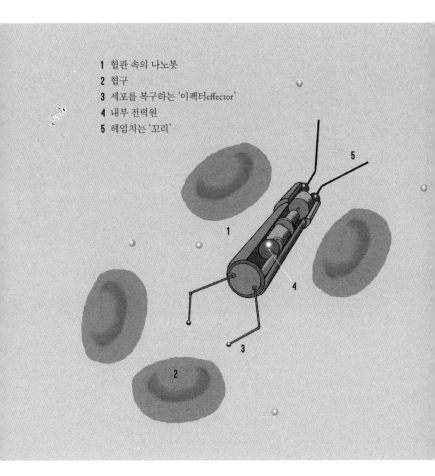

결정구조

결정이나 결정성 고체는 원자나 분자가 질서 정연하게
반복되며 일정한 패턴으로 배치된 물질을 말한다. 식용
소금과 눈송이, 다이아몬드를 일반적인 예로 들 수 있다.
결정질바위는 용액 속에서 형성되거나 마그마가 식을 때
생긴다. 예를 들어 완전히 결정화된 화강암은 마그마가
높은 압력을 받으며 아주 천천히 식으면서 굳을 때
형성된다.

결정체는 정육면체 모서리마다 격자점이 있는 '단순
입방격자 구조simple cubic lattice', 또는 정육면체 중심에도

1

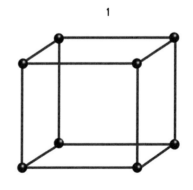

1 단순 입방격자
2 체심 입방격자
3 면심 입방격자

격자점이 있는 '체심 입방 구조body-centred cubic system'를 취할
수 있다. 한편 면심 입방 구조의 경우 정육면체의 각 면
중심에도 격자점이 있다. 일반 소금은 나트륨과 염소 원자가
번갈아 가며 배열된 면심 입방격자 구조face-centred cubic
system로 되어 있다.

  일부 결정체는 이중 피라미드나 8면 팔각형처럼 좀
더 복잡한 형태를 취하기도 한다. 결정체의 구조는 주로
결정체에 X선을 통과시켜 이에 따른 회절 현상〔p.60〕을
검토하는 방식으로 연구된다.

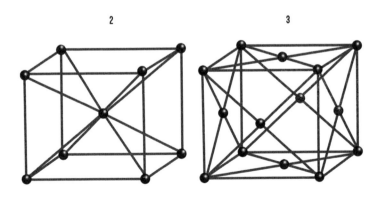

2   3

금속

화학에서 금속은 높은 전기전도성과 열전도성을 가진
요소나 합금이다. 금속에 전기전도성과 열전도성이 있는
것은 금속 안에 있는 외곽 전자들이 원자들과 아주 느슨하게
결합되어 있어 언제든지 전선을 통해 흐를 수 있기 때문이다.
철과 알루미늄은 지구에서 가장 흔히 볼 수 있는 금속이다.

금속은 대부분 비금속 요소들보다 밀도가 높으며 쉽게
전자를 잃고 양전자 이온을 형성한다. 그러나 금속의 반응
정도는 도표에 나온 것처럼 다양하다. 철은 여러 해에 걸쳐
공기 속에서 산화철로 전환되면서 부식된다. 반면 순수
칼륨은 산화할 때 순식간에 전소된다. 귀금속인 백금platinum과
금과 같은 일부 금속은 공기에 전혀 반응하지 않는다.
알루미늄과 티타늄 같은 금속들의 경우에는 표면에 얇은 산화
막을 형성해 쉽게 산화되지 않는다.

그러나 혼란스러운 점이 있다. 천문학자들은 '금속'이라는
용어를 수소나 헬륨보다 무거운, 우주 안에 있는 모든
요소들을 지칭하는 데 자주 사용한다는 것이다.

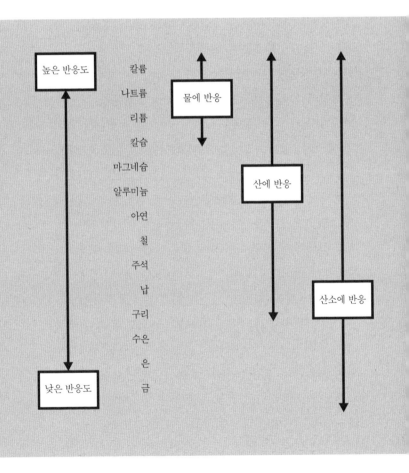

높은 반응도

낮은 반응도

칼륨
나트륨
리튬
칼슘
마그네슘
알루미늄
아연
철
주석
납
구리
수은
은
금

물에 반응

산에 반응

산소에 반응

반도체

반도체는 자기류 같은 절연체보다는 전기전도성이 높지만 구리 등의 전도체보다는 전도성이 낮은 물질을 말한다. 반도체는 실리콘이나 게르마늄 같은 순수 물질이거나, 갈륨비소 또는 셀레늄화 카드뮴 같은 화합물일 수도 있다.

반도체를 통해 이동하는 전자들은 상대적으로 양전하를 띠는 '구멍'을 남긴다. 이로 인해 반도체는 스위치로 주로 사용되는 트랜지스터 같은 전기기구로 사용될 수 있다. 양전하 구멍이 많은 P형 반도체를 음전하 전자가 많은 N형 반도체 두 개 사이에 끼워 넣는 NPN 트랜지스터가 대표적인 예이다.

트랜지스터의 '베이스' 입력 단자에 전류가 적용될 경우 P형 부분의 전도성이 증가한다. 그러면 '컬렉터'에서 '이미터'에 이르는 트랜지스터 전반에 걸친 전류 흐름이 증가하게 된다. 오늘날 트랜지스터는 마이크로칩(p.374) 위에 소형으로 장착된다. 반도체는 이 시대 대부분의 전기 장치에서 필수적인 역할을 하고 있다.

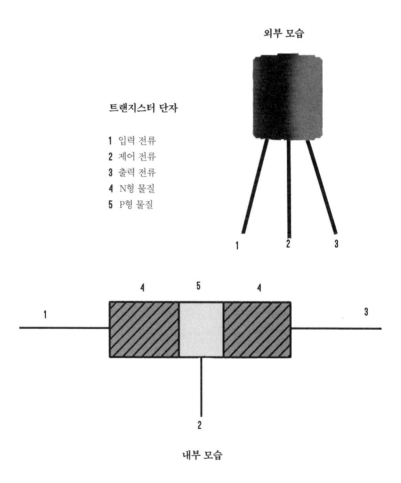

외부 모습

트랜지스터 단자

1 입력 전류
2 제어 전류
3 출력 전류
4 N형 물질
5 P형 물질

내부 모습

폴리머

폴리머(중합체)는 다수의 반복 단위로 구성된 큰 분자들로 이루어진 물질이다. 자연적으로 생성되는 폴리머인 탄수화물의 경우, 설탕 과당의 많은 반복 단위와 길쭉한 아미노산 사슬들인 단백질로 구성된다. 폴리머 대부분은 탄소 결합이 근간을 이루는 유기적 구조이다.

플라스틱은 합성고분자화합물이다. 폴리에틸렌(PE)은 반복되는 에틸렌(CH_2) 단위의 사슬들로 구성되는 가장 단순한 형태의 고분자물이다. 생성되는 동안 온도와 압력에 따라 에틸렌 분자들은 서로 연결되어 우유 통 같은 용기에 사용되는 고밀도 폴리에틸렌이나 플라스틱 필름과 샌드위치 백에 사용되는 저밀도 폴리에틸렌 등을 형성할 수 있다.

폴리염화비닐(PVC)은 폴리에틸렌과 비슷한 종류이지만 염소 원자들을 포함한 폴리머이다. 일반적인 구조를 가진 폴리염화비닐은 파이프와 창문 틀, 주택용 비닐 사이딩에 사용되며, 다른 폴리머와 섞여 부드러워지면 우비와 샤워커튼 등에도 사용될 수 있다.

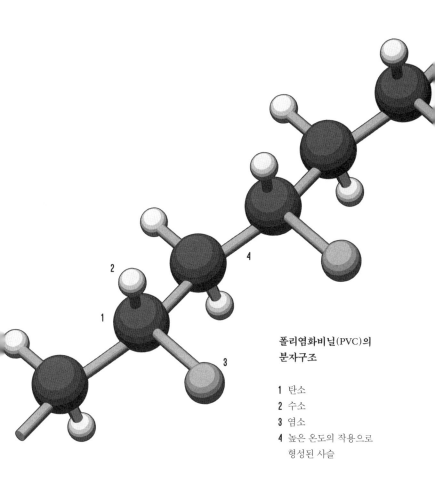

**폴리염화비닐(PVC)의
분자구조**

1 탄소
2 수소
3 염소
4 높은 온도의 작용으로
   형성된 사슬

합성물

합성물은 두 개 이상의 물질이 완전히 섞이지 않은
상태로 결합된 물질이다. 시멘트로 거친 자갈과 모래를
결합시키고 안에 철근을 넣기도 하는 강화 콘크리트를 예로
들 수 있다. 나무는 복합 폴리머 리그닌polymer lignin이라는
매트릭스 안에 섬유질로 구성된 자연 합성물이다.

대개 합성 물질은 가벼우면서도 강하고 단단한 성질을
유지하기 위해서 만들어진다. 한 물질(매트릭스 또는 바인더)이
상대적으로 훨씬 더 강한 물질(강화제)의 섬유질 다발을
둘러싸 결합하는 경우가 대부분이다. 유리 가닥들로 강화된
플라스틱 매트릭스인 섬유 유리를 예로 들 수 있다.

항공기를 제작할 때에는 난류를 견딜 수 있는 가볍고
튼튼한 물질이 필요하다. 이런 물질 중 하나는 탄소섬유
강화 플라스틱으로, 섬유 유리와 비슷하지만 훨씬 더
튼튼하다. 항공 우주 엔지니어들은 우주선을 만들 때
지구궤도나 행성 사이의 우주 공간에 극도로 낮은 온도를
견딜 수 있도록 좀 더 특이한 합성 물질들을 사용한다.

일반 제트여객기에 사용되는 물질

알루미늄/강철 합성물   알루미늄

카본 라미네이트 합성물   카본 샌드위치 합성물

나노 물질

나노 물질은 적어도 1차원이 100나노미터(10억분의 1미터), 즉 머리카락 두께의 10만분의 1보다 작은 물질이다. 나노 물질은 1차원(섬유소나 끈), 2차원(표면 필름), 3차원(미세 입자)이 나노 규모일 수 있다.

나노 물질은 대부분 특이한 성질을 가진다. 나노 물질이 원자의 양자 특성을 보이기 시작하는 극도로 미세한 영역에 도달하기 때문이다. 나노 물질이 들어간 제품들은 이미 상업화되고 있다. 피부를 손상시키는 '유리기free radicals'를 생성하지 않으면서 태양자외선을 흡수하는 나노 입자가 들어간 자외선 차단제를 예로 들 수 있다. 또한 얼룩이 지지 않는 옷감 등 다른 제품들도 있다.

나노 규모의 이산화티타늄 코팅은 창문을 '자동 세척식'으로 만든다. 이 코팅이 태양자외선을 흡수하면서 유기적인 얼룩을 분해하는 것이다. 이산화티타늄 코팅은 또한 물을 잘 흡수하는 '친수성'이다. 따라서 창문에 떨어진 빗방울은 작은 방울 형태가 아니라 일종의 막을 형성한다. 그래서 유리가 균일하게 깨끗한 상태를 유지하게 된다.

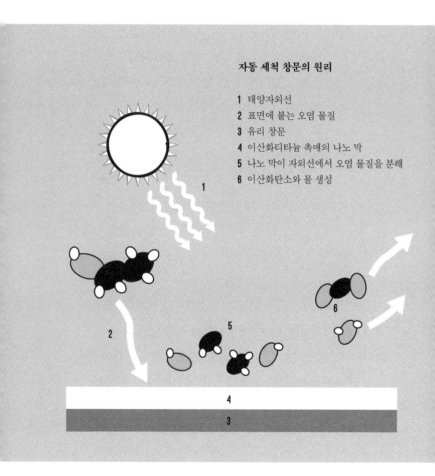

자동 세척 창문의 원리

1 태양자외선
2 표면에 붙는 오염 물질
3 유리 창문
4 이산화티타늄 촉매의 나노 막
5 나노 막이 자외선에서 오염 물질을 분해
6 이산화탄소와 물 생성

메타 물질

메타 물질은 자연에서는 찾아볼 수 없는 특이한 성질들을 가지도록 인공적으로 설계된 물질이다. 공상과학영화에서 우주선이나 사람을 보이지 않게 만드는 '클로킹cloaking' 장치 역할을 할 가능성이 있는 물질을 예로 들 수 있다.

이런 물질은 빛을 조작할 수 있도록 세심하게 설계된다. 미세한 막들을 오가며 음의 굴절률(p.58)을 가진 물질을 생성해 때때로 빛을 예상치 못한 방향으로 구부러지게 한다. 이론상으로 이런 물질은 빛의 파동이 물체를 돌아서 지나간 후 원래의 직선 경로를 유지하게 함으로써 그 물체를 가릴 수 있다. 이로 인해 '아래쪽'에 서 있는 사람은 이 물체를 볼 수 없게 된다.

이와 관련된 연구는 아주 초기 단계에 있으며, 실제로 클로킹 효과가 실현될 가능성은 거의 없다. 그러나 비슷한 물질이 개발되면 현미경을 통한 미세 바이러스나 분자를 관찰하는 데 아주 유용할 것이다. 미세하면서 아주 정확한 지점으로 빛을 맞추지 못하게 하는 일반 물질의 '회절 한계'(p.60)를 극복할 수 있기 때문이다.

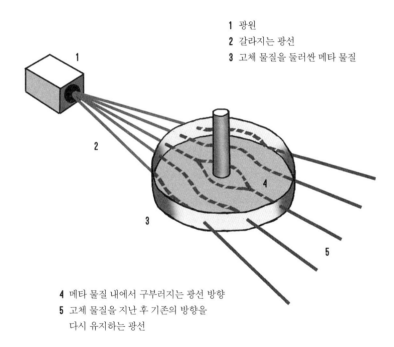

1 광원
2 갈라지는 광선
3 고체 물질을 둘러싼 메타 물질

4 메타 물질 내에서 구부러지는 광선 방향
5 고체 물질을 지난 후 기존의 방향을
  다시 유지하는 광선

단백질

단백질은 세포에서 다양하고 중요한 역할을 하는 큰 복합 분자이다. 단백질은 아미노산이라고 하는 수백 개 또는 수천 개의 훨씬 작고 단순한 분자가 길게 이어진 사슬로 구성된다. 그 가운데 일부는 '필수아미노산essential amino acid'으로, 페닐알라닌 등 인체 내에서 합성되지 않는 아미노산들이기 때문에 식생활을 통해 많이 섭취되어야 한다.

일부 단백질은 바이러스 같은 외부 입자들이 세포로 침입하는 경로를 차단함으로써 질병을 방지하는 항체 역할을 하기도 한다. 한편 수용기(p. 148)와 효소 등의 단백질은 세포에서 수많은 화학반응을 일으키고, DNA에서 유전정보를 읽음으로써 새로운 단백질의 구성을 돕는다.

동식물에서 모든 단백질은 주요 아미노산 스무 개의 각기 다른 배열 순서로 구성된다. 특정 단백질에 대한 정확한 배열 순서를 그 단백질의 1차 구조라고 한다. 세포는 새로운 단백질을 만들 때 아미노산의 선형 사슬을 형성하며, 이 사슬이 서로 감겨 2차 구조가 되고 최종적으로 '단백질 접힘'이라고 하는 과정을 통해 3차원 형태로 변한다.

단백질 미오글로빈의 3차원 모형

1 오른쪽으로 감긴 '알파(a) 나선'
2 산소 운반에 사용되는 '헴Heme 그룹'

탄수화물

탄수화물은 탄소와 수소, 산소 원자 들로 구성된 유기 화합물이다. 식품 과학과 일반적 맥락에서 '탄수화물'이라는 용어는 초콜릿 같은 단 음식이나 빵이나 파스타 같은 녹말 음식을 모두 의미하는 경우가 많다.

가장 기본적인 탄수화물로는 과일의 단맛인 과당(fructose, $C_6H_{12}O_6$) 등의 '단당류monosaccharides'나 유전 분자 RNA의 근간을 이루는 리보오스(ribose, $C_5H_{10}O_5$)가 있다. 단당류, 특히 포도당은 물질대사(p.144)를 위한 주요 에너지원이기도 하다. 포도당의 화학식은 과당과 같으나, 분자구조는 대개 6각형 고리 모양으로 5각형 고리 모양인 과당과 다르다.

좀 더 큰 '이당류'인 자당($C_{12}H_{22}O_{11}$), 즉 식용 설탕은 과당과 포도당에서 형성된다. 가장 구조가 복잡한 탄수화물은 녹말 같은 '다당류'로, 수천 개 단위의 포도당으로 구성된다. 식물은 자체에서 포도당을 녹말의 형태로 보관한다. 인간을 포함한 동물들의 경우, 중심 단백질을 여러 갈래의 포도당 단위가 둘러싼 분자인 '글리코겐glycogen'의 형태로 포도당을 보관한다.

탄수화물 D-포도당(알파 고리 형태)

1 탄소 **2** 수소 **3** 산소

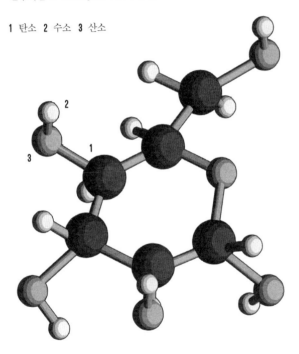

지질

지질은 지방과 밀랍, 일부 비타민(A, D, E, K 등)을 포함하는
광범위한 분자 그룹이다. '소수성hydrophobic'으로 물과
친화력이 없으며 아세톤 같은 유기용제에 의해서만 용해된다.
지질은 에너지 보관, 세포막 유지, 생식(p.222) 등의 복잡한
과정을 조율하는 호르몬 역할 같은 다양한 생물학적 기능을
한다.

대표적인 지질 종류로는 지방, 스테로이드, 인지질 등이
있다. 지방은 지방산과 글리세롤(단맛을 가진 알코올류)로
구성되며, 에너지를 보관하고 내장을 보호하는 쿠션 역할을
한다. 스테로이드는 네 개의 고리로 구성된 탄화수소
분자이다. 식이 지방인 콜레스테롤과 더불어 성호르몬인
에스트라디올과 테스토스테론을 예로 들 수 있다.

인지질에는 대부분 지방산 두 개와 인산기 한 개가 들어
있다. 인지질은 물속에서 섞이지 않는 꼬리 부분들이 중앙에
배열된 두 겹의 판 형태로 정렬된다. 이런 층 구조를 통해
세포 안팎의 이온 흐름과 분자들을 조절하는 세포막이
형성된다.

세포막 내부의 인지질

1 인지질 개별 단위
2 물 쪽으로 끌리는 극성 머리 부분
3 물이 많은 외부 환경
4 물에서 멀어지는 비극성 꼬리
5 물을 밀어내는 소수성 내부 환경

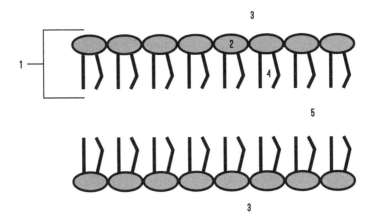

물질대사

　물질대사란 생물을 살아 있도록 유지하는 데 필요한 일련의 화학반응으로, 상처를 치료하고 독소를 제거하는 등 필수적인 성장과 생식을 위한 에너지를 창출하는 과정이다.

　생물에서 물을 제외한 대부분의 분자들은 단백질의 근간인 아미노산과 탄수화물, 지질의 형태로 구성된다. 이런 요소들과 관련된 물질대사 반응은 두 가지 종류로 나뉜다. '동화작용anabolism'은 새로운 세포와 조직이 구성되는 동안 단백질 등의 분자들을 결합시키는 작용이다. '이화작용catabolism'은 음식에서 분자들을 분해해 에너지원으로 사용하는 과정이다.

　효소 또한 물질대사에 중요한 역할을 하는데, 아미노산들이 결합해 단백질을 형성하게 하거나 음식에 있는 녹말을 당류로 분해하는 과정을 촉진하는 등 한 화학물질을 다른 화학물질로 효율적으로 바꾸는 촉매로 작용한다. 인체에서 일어나는 건강한 물질대사는 적절한 영양소와 다량의 물, 운동에 따라 좌우된다. 이 가운데 하나라도 부족할 경우 물질대사율이 낮아져 체중 증가로 이어질 수 있다.

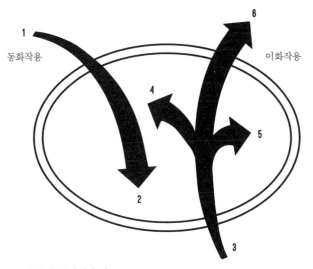

세포 내 물질대사 경로

1 생합성biosynthesis을 위한 영양소가 세포로 전달된다.
2 새로운 세포 구성 요소들을 만드는 데 영양소가 사용된다.
3 음식물이 분해되어 에너지를 생성한다.
4 성장에 사용되는 에너지
5 영양소의 이동과 전달을 위한 에너지
6 노폐물

화학합성

화학합성은 높은 온도의 심해 열수구(뜨거운 물이 나오는 분화구. 옮긴이)에 사는 특이한 미생물들이 에너지를 얻는 과정이다. 광합성(p.176)과 비슷하지만 태양빛은 사용되지 않는다. 대신 지구 표면에서 솟아나오는 황화수소 등의 무기 화학물이 산화되는 과정에서 에너지가 생성된다.

심해 열수구에서는 해저 위의 갈라진 틈에서 나오는 지열로 물을 섭씨 100도 이상으로 데울 수 있다. 놀랍게도 '호극성 미생물extremophiles'이라고 하는 박테리아는 온도가 120도까지도 올라가는 이런 열수구에서 번성한다. 태양빛이 닿지 않는 곳이기 때문에 이 박테리아는 이용할 수 있는 화학물을 당류로 전환시켜 에너지를 생산한다. 황화수소를 산화시킨 후 자체 화학결합을 통해 보관된 에너지를 사용해, 바닷물 속에 용해된 이산화탄소와 물에서 포도당을 만드는 종류도 있다.

과학자들은 이런 박테리아가 초기 지구의 뜨거운 환경에 잘 적응했을 것이라고 추측하고 있다. 따라서 호극성 미생물은 가장 초기에 발생한 생명 형태 가운데 하나일 수 있다.

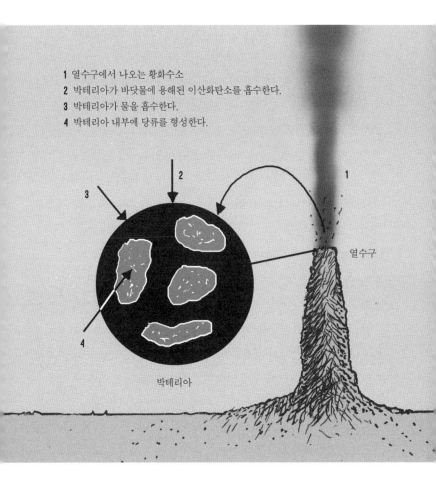

1 열수구에서 나오는 황화수소
2 박테리아가 바닷물에 용해된 이산화탄소를 흡수한다.
3 박테리아가 물을 흡수한다.
4 박테리아 내부에 당류를 형성한다.

박테리아

열수구

수용기

생화학에서 수용기란 세포막이나 세포질에 있는 단백질 분자를 말한다. 수용기에 호르몬〔p.224〕 등의 '시그널 분자'가 붙어 화학적 지시를 전달한다. 예를 들어 인슐린insulin이라는 호르몬은 근육이나 간세포 속에 있는 수용기에 붙어 혈당을 조절함으로써 당류 흡수를 촉진하는 반응을 일으킨다.

시그널 분자는 특정한 수용기를 효과적으로 겨냥한다. 이것은 해당 수용기가 시그널 분자의 결합에 적합한 크기와 형태, 전하 배열을 가지고 있기 때문이다. 마치 자물쇠에 꼭 들어맞는 열쇠와도 같다. 시그널 분자의 이런 효과를 흉내 내는 약품들도 다수 있다. 진통제인 모르핀의 경우, 기분이 좋아지게 하고 고통을 경감시키는 인체 호르몬인 엔돌핀의 성질을 흉내 낸다.

한편 자연적 시그널 분자들이 수용기 결합 부분에 붙지 못하도록 방해해 활동을 억제하는 약품들도 있다. 발진과 재채기, 가려움을 유발하는 히스타민histamine이라는 화학물을 억제함으로써 알레르기 반응을 경감시키는 항히스타민antihistamine을 예로 들 수 있다.

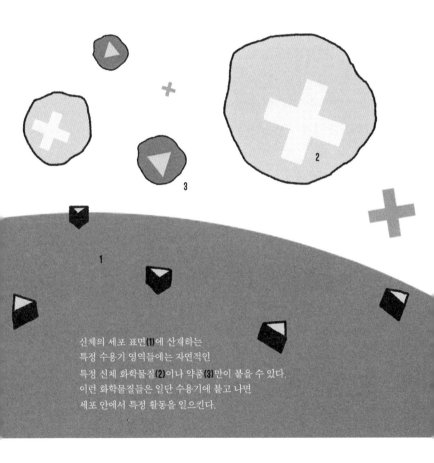

신체의 세포 표면(1)에 산재하는
특정 수용기 영역들에는 자연적인
특정 신체 화학물질(2)이나 약품(3)만이 붙을 수 있다.
이런 화학물질들은 일단 수용기에 붙고 나면
세포 안에서 특정 활동을 일으킨다.

DNA

DNA(디옥시리보핵산)는 자기 생식하는 모든 생명체의 성장 및 기능에 대한 유전적 지시 사항을 암호화한 분자이다. 인체를 구성하는 거의 모든 세포는 동일한 DNA를 가지고 있다. DNA는 주로 세포핵 안에 존재하지만 일부는 미토콘드리아(p. 162) 안에 상주한다.

DNA가 가진 정보는 아데닌(adenine, A), 구아닌(guanine, G), 시토신(cytosine, C), 티민(thymine, T)이라고 하는 네 종의 화학 '염기' 배열 형태로 보관된다. 이 염기들은 A–T와 C–G로 결합해 '염기쌍'이라는 단위를 형성한다. 인간의 DNA는 약 32억 개의 염기쌍으로 구성된다. 각각의 염기쌍은 디옥시리보스라는 당 분자 한 개와 인산염 분자 한 개가 결합해 '뉴클레오티드nucleotide'를 형성한다.

뉴클레오티드는 나선형 사다리 모양의 이중 나선 구조를 이루는 두 가닥의 긴 사슬에 배열되어 있다. 이 구조에서 염기쌍은 가로대를 형성하며 당류와 인산염은 수직으로 받치는 힘을 제공한다. DNA는 한 가닥의 사슬로 분리되면서 이 사슬이 염기 배열 복제의 견본 역할을 해 자기 복제를 한다.

1 세포분열 과정에서 이중 나선 구조가 개방된다.
2 개별적인 DNA 가닥이 견본이 되어 이를 보완하는 가닥이 형성되면서
  아데닌(A), 구아닌(G), 시토신(C), 티민(T)이 추가된다.
3 새로운 이중 가닥 DNA 분자 두 개가 형성된 후 이 가운데 한 개가 새로운
  세포로 이동한다.

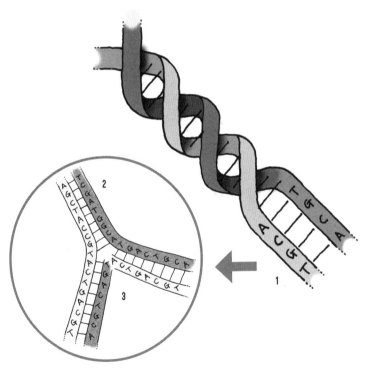

RNA

RNA(리보핵산)는 DNA와 일부 공통점이 있으나 유전정보 보관소의 역할은 하지 않는(RNA 바이러스 제외) 분자이다. 대신 RNA는 세포 내에서 다양한 역할을 수행한다. 유전정보에 대한 복사본 역할을 일시적으로 하는 것이 그 예이다.

RNA 분자는 DNA와 마찬가지로 네 종의 화학 '염기' 배열을 가지고 있다. 염기 종류는 우라실(uracil, U), 아데닌(A), 시토신(C), 구아닌(G)이다. 각 염기는 당류 분자인 리보오스 및 인산염 분자와 결합해 '뉴클레오티드'를 형성한다. 염기들은 U-A, C-G 형태로 서로 결합해 DNA와 같은 이중 나선 구조를 형성하기도 하지만, RNA에서는 보통 한 가닥의 사슬에서 이런 현상이 주로 발생한다.

'메신저'RNA(mRNA)는 단기적 분자로, 세포의 DNA를 복사해 해당 세포의 단백질합성 부분인 리보솜으로 운반한다. 그러면 리보솜은 그 DNA 정보를 해독해 적절한 단백질을 생성한다. '운반'RNA(tRNA) 분자는 개별 아미노산들에 붙어서 이들을 리보솜으로 가져가 단백질로 통합시킨다.

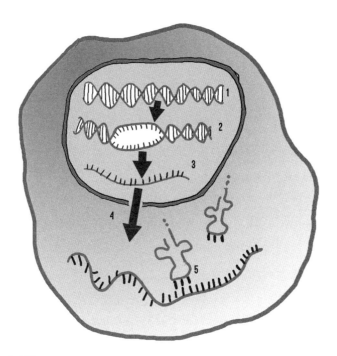

1 DNA

2 이중 나선 구조가 개방된다.

3 메신저RNA

4 메신저RNA가 핵 밖으로 나가 리보솜으로 이동된다.

5 운반RNA가 아미노산을 리보솜으로 가져가 새로운 단백질을 형성한다(p. 164).

유전자

유전자는 특정 단백질을 생성하기 위한 설계도 역할을
하는 DNA 부분이다. 유전자는 '대립 유전자alleles'라는 대안적
형태로 존재하며, 대립 유전자는 유전법칙(p.156)에 따라
부모에게서 자손으로 전달되는 뚜렷한 특징들을 결정한다.
유기체의 유전정보 총체는 '게놈genome'이라고 한다.

2003년 완료된 13년 동안의 '인간게놈프로젝트Human
Genome Project'는 인간 DNA에서 염기쌍 32억 개의 배열과
유전자 약 25,000개를 밝혀낸 대규모 국제적 노력의
산물이다. 이 프로젝트에 따르면 유전자는 평균적으로 약
3,000개의 염기쌍으로 구성되지만 그 크기는 엄청나게
다양하며 가장 큰 유전자는 240만 개의 염기쌍을 가진다.

인간게놈프로젝트는 특정 유전자의 배열이 유방암과 근육
위축 병 같은 질병에 영향을 미친다는 점을 밝혀냈다. 그러나
실제로 게놈의 불과 2퍼센트 정도만이 단백질합성을 위한
지시를 해독한다는 것이 드러났으며, 나머지 DNA의 역할은
아직 알려지지 않은 상태이다.

염색체

DNA

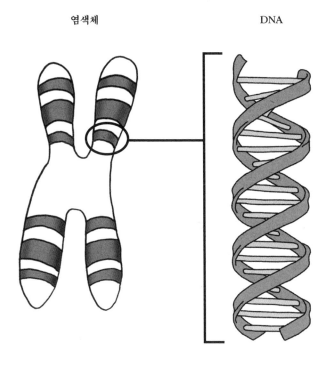

유전법칙

유전법칙은 동식물의 고유한 형질이 자손에게 전달되는 방식에 대한 기본 규칙들이다. 19세기 오스트리아의 성직자였던 그레고어 멘델Gregor Mendel은 종이 다른 완두콩을 접목시킨 후 다음 세대들에서 나타나는 꽃 색깔 및 줄기 길이 등의 형질을 관찰하는 완두콩 재배 실험을 통해 유전법칙을 발견했다.

멘델은 실험을 통해 각 부모에게서 물려받는 두 요인이 그 자손의 형질을 결정한다는 것을 밝혀냈다. 또한 이 두 요인이 서로 다를 경우에는 둘 중 하나만이 자손에게서 발현되는데, 이를 '우성'형질이라고 한다. 멘델은 또한 꽃 색깔 및 줄기 길이 등의 다른 형질들이 독립적으로 유전된다는 것도 발견했다.

오늘날 우리는 인간의 모든 혈액형(A형, AB형, B형, O형)이 하나의 유전자에 의해 결정된다는 것을 알게 되었다. A형과 B형이 우성인 한편 O형은 '열성'이기 때문에, 부모로부터 A형과 O형, 또는 B형과 O형을 물려받은 자식은 각각 A형과 B형을 가지게 된다. A형과 B형은 '공우성'이기 때문에 A형과 B형을 모두 물려받는 경우 AB형을 가지게 된다.

혈액형으로 나타나는 유전법칙

	어머니에게서 유전되는 대립 유전자		
	A	B	O
A	A	AB	A
B	AB	B	B
O	A	B	O

아버지에게서 유전되는 대립 유전자

자손의 혈액형

157

원핵생물

원핵생물은 DNA를 보관하는 세포핵이 없는 단세포 유기체이다. 대신 원핵생물의 DNA는 세포 중앙에서 부유하는 다발을 형성한다. 진핵세포(eukaryotic cell, p.160)와 마찬가지로 원핵생물에는 아미노산이 단백질로 합성되는 리보솜이 있다. 방향키 같은 모양의 꼬리로 추진력을 내는 '편모'가 있는 경우도 있다.

화석 기록에 따르면 원핵생물은 적어도 35억 년 전인 아주 초기의 지구에서 생겨났다. 원핵생물은 무성생식(p.167)을 하고 대부분 1~10마이크로미터(100만분의 1미터) 정도의 크기이며, 박테리아와 고세균의 두 부류로 나뉜다.

1600년대 후반에 발견된 박테리아는 지구의 모든 서식지에서 흔하게 존재하는데, 구형과 나선형, 막대형 등 다양한 형태를 가진다. 고세균류는 1970년대 말 처음으로 별개의 집단으로 분류되었다. 대부분의 고세균류는 박테리아와 비슷한 형태를 가지지만 유전적, 생화학적 구성은 완전히 다르다.

또한 해저에 있는 고온의 열수구 같은 극한 환경에서 서식하는 경우가 많다.

원핵세포 구조

1 DNA '다발'
2 세포질
3 리보솜
4 원형질막
5 세포벽
6 편모

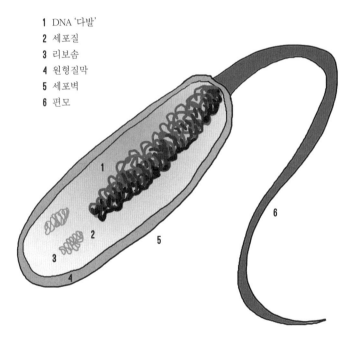

진핵생물

진핵생물은 원핵생물(p.158)과 더불어 두 가지 주요
세포형 가운데 하나이다. 단세포 아메바에서 복잡한
동식물에 이르는 모든 생물체는 이 두 가지 세포형으로
구성된다. 진핵세포의 평균 크기는 대략 0.01밀리미터로
보통 원핵생물보다 열 배에서 열다섯 배 더 넓다.

'원형질막plasma membrane'은 진핵세포의 외곽 벽을
형성하며, 세포핵은 유기체마다 다양한 염색체를 형성하는
DNA를 담고 있다. 인간은 상대적으로 큰 선형 염색체
23쌍을 가진다.

진핵세포의 핵은 '시토졸cytosol'이라고 하는 물이 풍부한
유동체와 각기 다른 역할을 수행하는 다양한 세포 기관들에
둘러싸여 있다. 미토콘드리아(p.162)는 에너지를 생성한다.
'소포체endoplasmic reticulum'는 세포에서 막상 구조膜狀構造로
단백질을 합성하는 리보솜이 군데군데 붙어 있다.

화석 증거에 따르면 진핵생물은 최소 17억 년 전에
생겨났다. 일부 원핵세포에게 삼켜진 다른 원핵세포가
소화되지 않고 세포 기관으로 살아남아 번식하면서
진핵생물이 발생했을 가능성도 있다.

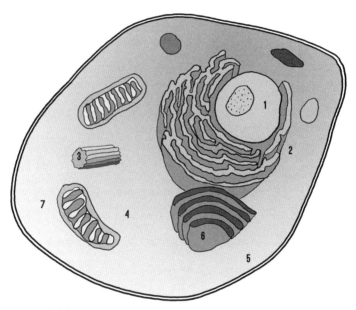

진핵세포 구조

1 DNA를 보유한 핵
2 리보솜이 붙어 있는 소포체
3 세포분열에 핵심적 역할을 하는 중심 소체
4 시토졸(세포 내 유동체)
5 원형질막
6 단백질을 분류하고 변형시키는 골지체
7 미토콘드리아

미토콘드리아

미토콘드리아는 진핵세포(p.160)에서 발전소와 같은 역할을 하는 부분으로, 음식물의 에너지를 세포가 사용할 수 있는 형태로 전환시킨다. 에너지 수요에 따라 세포 하나에 수백 또는 수천 개의 미토콘드리아가 존재할 수 있다.

미토콘드리아는 산소와 단당류 사이에 벌어지는 반응으로 생기는 에너지를 사용해 세포의 주요 에너지원인 아데노신 3인산(adenosine triphosphate, ATP) 분자들을 생성하는 작은 공장과 같은 역할을 한다. ATP는 충전된 배터리와 비슷하다고 볼 수 있다. 인산염기를 제거하면서 생기는 에너지가 복잡한 반응들을 일으킨다. 따라서 '충전되지 않은' 아데노신2인산(ADP)이 남고, 이 ADP가 미토콘드리아로 복귀해 재충전된 ATP가 된다.

두 개의 막으로 둘러싸인 미토콘드리아는 자체적 유전물질을 가지고 있으며 숙주세포와 독립적으로 복제된다. 과학자들은 미토콘드리아의 오래전 조상이 다른 세포들에게 삼켜진 독립적인 박테리아였을 거라고 추측한다. 그 박테리아가 새로운 숙주세포들의 방어적 환경 속에서 번성하게 되었고, 숙주세포는 에너지를 생산할 때 그 박테리아에 의존하게 되었다고 주장한다.

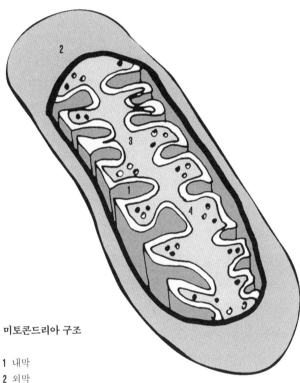

미토콘드리아 구조

1 내막
2 외막
3 매트릭스
4 ATP를 합성하는 엔자임 등의 단백질이 박혀 있는 '융기'

리보솜

동식물과 박테리아를 포함한 모든 세포에 있는 리보솜은
단백질을 합성하는 작은 공장과 같은 역할을 한다. 각각의
리보솜은 RNA 분자들과 단백질로 구성되어 있다. 리보솜은
세포의 묽은 세포질 속에서 부유하는 경우도 있고,
진핵세포의 복잡한 막상 구조인 소포체에 붙어 있는 경우도
있다.

메신저RNA(mRNA) 가닥은 세포의 DNA 정보 복사본을
리보솜으로 가져간다. 한편 운반RNA(tRNA) 분자들은 각각의
아미노산에 붙어서 리보솜으로 운반되고, 해당 아미노산들은
메신저RNA의 지시에 따라 단백질로 통합된다.

세포는 대부분 수천 개의 리보솜을 가지고 있으나,
리보솜의 수가 수백만 개에 달하는 경우도 있다. 박테리아와
동물 세포에서 리보솜의 화학구조는 각각 다르다. 많은
항생제는 이런 차이 때문에 질병을 유발하는 박테리아의
리보솜 활동을 선택적으로 방해한다. 즉 사람이나 동물에게
해를 가하지 않고 이런 박테리아 안에 있는 리보솜이
단백질을 형성하지 못하도록 방해하는 것이다.

펩티드Peptide 합성

1 한쪽에 아미노산, 다른 쪽에 화학 염기들의 유전 '열쇠'를 가지고 들어오는 tRNA
2 구성되는 펩티드 사슬을 위한 유전암호를 가진 mRNA
3 tRNA의 '열쇠'는 mRNA 가닥의 '자물쇠'와 들어맞는다.
4 아미노산이 서로 연결됨에 따라 펩티드 사슬이 늘어난다.
5 mRNA 가닥에서 떨어져 나온 '빈' tRNA

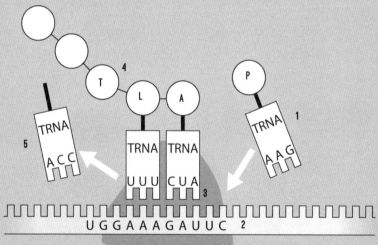

리보솜

세포분열

　세포분열은 생물학적 세포가 증식하는 과정이다. 인체의
세포 등 진핵세포(p.160)는 조직들의 성장과 복구를 위해
자체와 동일한 복제본을 생성하는데, 이를 '체세포분열'이라고
한다. 이런 과정에서 세포핵에 있는 이중 가닥 DNA가 두 개의
가닥들로 개방되고, 각각의 가닥이 뉴클레오티드(p.150)와
결합해 원본 DNA의 복제본 두 개를 형성한다. 그다음
'세포질분열' 과정을 통해 그 세포는 원래 세포와 같은 두
복제본으로 각각 분리된다.
　체세포분열은 유성생식을 위해 난자와 정자를 생성하는

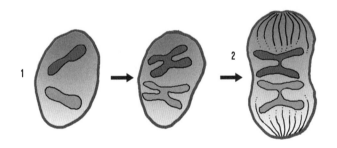

1 세포핵 속 DNA가 분리된 두 개의 가닥으로 개방된다.
2 체세포분열: DNA 가닥들이 복제된다.

세포분열의 일종이다. 난자와 정자는 일반적인 세포 수의
절반인 염색체를 각각 가지고 있다. 난자와 정자가 수정되어
융합하면 남성과 여성으로부터 각각 절반씩 받아 합쳐진
일반적인 세포의 염색체 수를 가지게 된다.

　박테리아 같은 원핵세포(p.158)는 대부분 이분법binary
fission이라는 과정을 통해 증식한다. 원핵세포 속에 있는 DNA
다발 한 개가 복제된 후, 두 개의 복제본은 세포막의 다른
부분에 부착됨으로써 세포가 두 개로 분열될 때 분리된다.

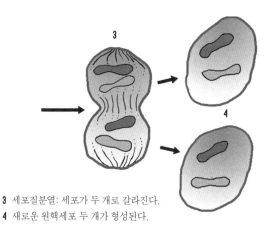

3 세포질분열: 세포가 두 개로 갈라진다.
4 새로운 원핵세포 두 개가 형성된다.

생식세포

생식세포는 유성생식을 하는 동식물에서 생식기능을 가진 세포이다. 인간을 포함한 대부분 동물의 경우 남성 생식세포는 정자, 여성 생식세포는 난자라고 한다.

생식세포는 감수분열이라는 세포분열 과정에서 형성된다. 보통 세포는 두 개의 복제본으로 분열되는데, 생식세포는 네 개로 분열되기 때문에 세포당 염색체 수가 일반적인 세포의 절반이다. 인간의 체세포에서 발견되는 염색체 23쌍 가운데 각각 하나씩만 가지고 있는 것이다. 체세포가 분열할 때 발생하는 '염색체 교차'에서 각각의 염색체 쌍이 유전물질을 교환하게 되고, 생식세포들은 결국 새로운 유전자 조합을 가지게 된다.

수정 과정에서 난자와 정자가 융합되면서 각 염색체의 두 복제본, 즉 남성과 여성으로부터 각각 하나씩의 복제본을 가진 '접합체zygote'인 수정란을 형성한다. 이렇게 생겨난 단일 세포인 수정란은 세포분열을 통해 배아embryo가 된다. 대부분의 포유동물은 성염색체 X와 Y가 성별을 결정한다. 부모로부터 모두 X염색체가 유전될 경우 자손이 여성(XX)이 되고, 어머니로부터 X가, 아버지로부터 Y가 유전되면 남성(XY)이 된다.

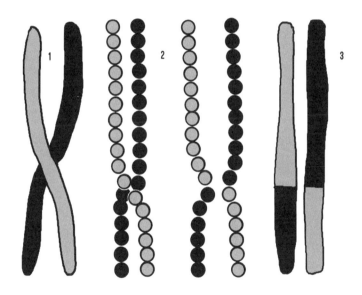

1 각 부모로부터 받는 염색체 한 개
2 체세포분열 과정에서 염색체들이 유전물질을 교환한다.
3 유전된 염색체들이 새로운 유전자 조합을 형성한다.

생물학적 분류

　동식물과 미생물에 대한 기본 분류 체계는 1700년대 초 스웨덴의 식물학자이자 동물학자였던 칼 린네Carl Linnaeus에 의해 도입되었다. 린네는 공통적인 물리 특성에 따라 종을 분류했다. 이후 이 분류법은 진화 계보에 대한 새로운 정보를 감안해 수정되었다.

　오늘날 많은 과학자들은 모든 생명체를 세 가지 역(도메인)으로 분류한다. 고세균과 박테리아(p.158)와 복잡한 구조의 동식물을 포함한 진핵생물이 그것이다. 이 역들은 각각 '계'로 세분되는데, 주로 동물계, 식물계, 진균계, 원생생물, 고세포, 박테리아의 여섯 가지로 분류된다. 계의 하위 범주는 '문', '강', '목', '과', '속' 그리고 마지막으로 가장 구체적인 범주인 '종'으로 구성된다.

　종은 교차 교배를 통해 생식능력이 있는 자손을 만들 수 있을 만큼 생물학적으로 서로 비슷한 집단이다. 지구상 생명체에 대한 종의 수는 측정이 불가능하며, 과학자들은 500만 개에서 1억 개 사이의 수일 것으로 추측한다.

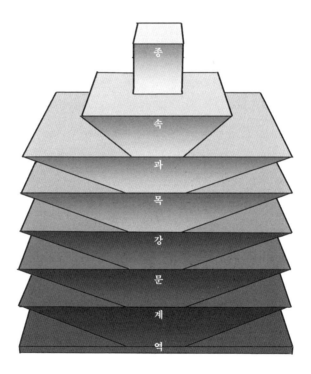

동물

동물은 동물계에 속하는 다세포의 진핵 유기체로, 벌레, 곤충, 해면, 인간 등을 포함해 150만 개 이상인 것으로 알려진 종으로 구성된 대규모 집단이다. 모든 동물은 '종속영양생물,' 즉 내부적으로 일부 필수적인 유기 화학물을 생성하지 못하는 생물이기 때문에, 생존하기 위해서는 다른 유기체를 섭취해야 한다. 동물은 성장하는 과정에서 몸 체제가 고정적이 되는데, 일부 동물들의 경우 변태를 거치기도 한다. 애벌레가 번데기가 되고 나비로 탈바꿈하는 것을 예로 들 수 있다.

진딧물 같은 일부 동물들은 무성생식을 하는데, 사실상 자기 복제[p.210]를 통해 독립적으로 번식하는 경우도 있다. 그러나 대부분의 동물은 수컷과 암컷으로부터 물려받은 유전물질이 결합되어 자손을 생성하는 유성생식으로 번식한다.

동물이 유성생식을 할 때 난자와 정자가 수정을 통해 융합되어 각 염색체의 두 복제본을 형성한다. 암컷과 수컷으로부터 각각 받은 복제본을 가진 '접합체'가 수정란이다. 이 수정란은 세포분열을 통해 배아가 된다.

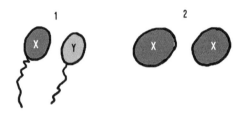

1 남성의 정자는 X 염색체 또는 Y 염색체를 운반한다.
2 여성의 난자는 항상 X 염색체를 운반한다.
3 성 세포의 조합을 통해 자손의 성별이 결정된다.

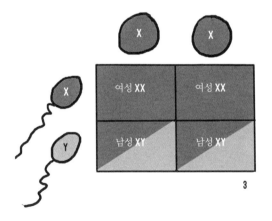

식물

식물은 태양빛을 이용한 광합성(p.176)으로 에너지와 유기 화학물을 생산하는 다세포 진핵 유기체이다. 식물의 종류에는 우리에게 익숙한 잔디, 덤불, 나무와 주로 물속에서 단세포, 군집, 해초의 형태로 서식하는 녹조류 등이 있다. 지금까지 알려진 식물 종수는 대략 35만 개이다.

식물은 대부분의 경우 흙 속에 있는 뿌리에서 주요 줄기가 자라나고 이 줄기의 '마디'에서 가지들이 뻗어 나온다. 식물의 유성생식은 대개 수컷 식물의 '꽃가루pollen grain'가 암컷 식물의 '밑씨ovule'와 수정되는 과정이다. 수정된 밑씨는 보호를 위해 종피에 둘러싸인 후 바깥으로 흩어지며, 이에 따라 새로운 세대의 식물들이 싹트게 된다. 한편 식물의 무성생식은 꽃이 없는 상태로 이루어진다. 구근이 갈라지는 것과 같은 방식으로 유전적으로 동일한 복제본을 자체 생성한다.

최초의 육상식물은 4억 5,000여 년 전에 생겨났으며, 육지 위에 숲이 퍼지게 된 것은 약 3억 8,500만 년 전이다. 꽃을 피우는 식물은 약 1억 4,000만 년 전에 처음 발생한 후 지배적인 육상식물로 자리 잡게 되었다.

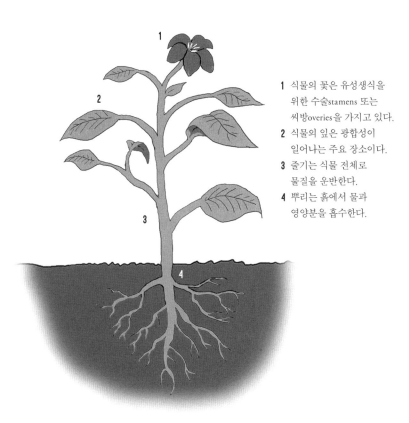

1 식물의 꽃은 유성생식을
  위한 수술stamens 또는
  씨방overies을 가지고 있다.
2 식물의 잎은 광합성이
  일어나는 주요 장소이다.
3 줄기는 식물 전체로
  물질을 운반한다.
4 뿌리는 흙에서 물과
  영양분을 흡수한다.

광합성

광합성은 식물과 더불어 일부 박테리아와 진핵 미생물들이
태양빛의 에너지를 이용해 포도당과 같은 당류를 생성하는
과정이다. 식물의 잎은 태양에너지를 모으는 역할을 하며,
광합성 세포들로 가득 차 있다. 이 세포들은 물 분자와
이산화탄소 분자들을 결합시켜 당류와 산소를 만들어 낸다.

육상식물의 뿌리를 통해 들어간 물은 잎으로 전달된다.
공기 중에 있는 이산화탄소는 식물의 잎에 있는 '기공'이라는
작은 구멍들을 통해 잎으로 들어간다. 기공은 환경적 조건에
따라 열리거나 닫힌다. 광합성을 통해 생성된 산소도 이런
기공들을 통해 공기 중으로 배출된다.

식물은 호흡 과정에서 당류와 산소를 결합시켜
이산화탄소와 물을 생성함으로써 아데노신 3인산(ATP,
p. 162)을 형성한다. 아데노신 3인산은 단백질 생성과 같은
필수적인 활동을 하기 위해 에너지를 공급하는 분자이다.
식물의 호흡은 주로 밤에 발생한다. 광합성을 통한
이산화탄소 흡수와 산소 배출이 밤에는 중단되기 때문이다.

1 태양빛
2 기공을 통해 공기에서 이산화탄소가 흡수된다.
3 식물의 뿌리로 흡수되어 물과 영양소가 전달된다.
4 광합성으로 생성된 아데노신 3인산(ATP)이 식물의
  나머지 부분으로 전달된다.

원핵 미생물

원핵세포(p. 158)로 구성된 미생물은 단세포이며
박테리아와 고세균의 두 종류로 나뉜다. 이런 원핵 미생물은
지구상에서 가장 다양하고 흔히 볼 수 있는 종류의
유기체이다. 대부분 1,000분의 1밀리미터 넓이 정도의 작은
크기임에도 전체 생물량의 절반 이상을 차지한다.

박테리아, 즉 세균 세포는 아주 다양한 형태로 존재한다.
구형세포는 '구균coccus', 길쭉한 막대 모양의 세포는
'간균bacilli'이라고 부른다. 박테리아는 쌍을 형성할 때도
있는데, 이 경우 이름 앞에 '쌍diplo-'이 붙는다. 한편 긴
사슬을 형성하는 박테리아는 '연쇄상strepto-,' 삼각형 집단을
만드는 경우 '포도상staphylo-'이 각각 이름 앞에 붙는다. 막대
모양의 박테리아는 '울타리배열'이라고 하는 말뚝 울타리
구조를 형성한다.

대부분의 박테리아는 질병을 유발하는데 연쇄상구균류는
폐렴과 수막염을 야기할 수 있다. 고세균류는 박테리아와
모양은 비슷하나 생화학적 구성은 완전히 다르며, 질병을
유발하는 기능은 없다. 고세균은 가장 초기의 지구에 나타난
생명체일 가능성이 있다.

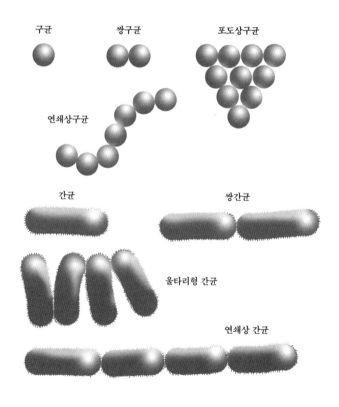

구균 쌍구균 포도상구균

연쇄상구균

간균 쌍간균

울타리형 간균

연쇄상 간균

진핵 미생물

진핵 미생물은 크기가 아주 작아서 육안으로는 볼 수
없는 다양한 범주의 유기체이다. 동물류, 식물류, 균류,
'원생동물'의 네 가지로 분류된다. 박테리아와 고세균 같은
단순 구조의 원핵 미생물과는 달리 진핵 미생물은 세포핵
안에 자체의 DNA를 가지고 있다.

초소형 동물에는 먼지 진드기, 선충류(회충), 윤충,
주로 담수에 서식하는 여과 섭식자 등이 있다. 균류로는
효모균을 포함해 단세포 종 몇 가지가 있다. 원생동물은
단세포나 다세포이고 특화된 조직이 없다는 단순성 외에는
서로 공통점이 거의 없는 다양한 집단의 유기체들을
포함한다.

진핵 미생물은 박테리아와 마찬가지로 말라리아 같은
심각한 질병을 유발할 수 있으며, 일부 균류는 농작물에
상당한 위해를 끼칠 수 있다. 한편 진핵 미생물을 죽이거나
성장을 방해하는 화학물질들은 동식물의 진핵세포들에게도
해로울 수 있는데 이런 질병들의 치료법을 찾기는 쉽지
않다.

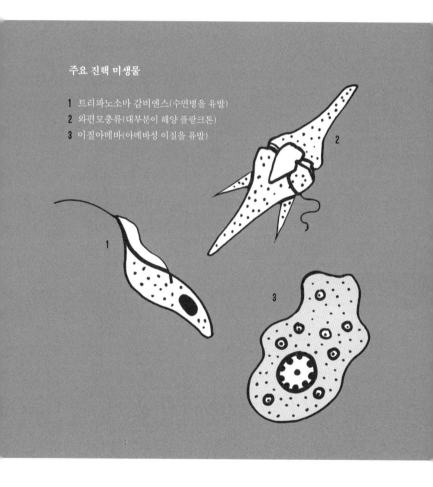

주요 진핵 미생물

1 트리파노소마 감비엔스(수면병을 유발)
2 와편모충류(대부분이 해양 플랑크톤)
3 이질아메바(아메바성 이질을 유발)

바이러스

　바이러스란 동식물과 박테리아 같은 생명체의 세포를 감염시킬 수 있는 초소형의 유전물질 덩어리이다. 바이러스는 자체 복제를 할 수 없으며, 숙주의 세포에 침입해 복제 과정을 가로챔으로써 번식한다.

　바이러스는 RNA나 DNA와 이를 둘러싼 단백질 막으로 구성된다. 바이러스의 크기는 대부분 10~300나노미터(10억분의 1미터)에 불과하다. 바이러스는 세포막을 뚫고 들어가 자체 유전물질을 방출한 후 감염된 세포가 이를 복제하도록 만들어 해당 유기체를 감염시킨다. 각 숙주 세포 안에서 형성된 새로운 바이러스들이 세포를 뚫고 나오면 그 세포는 죽게 된다. 그러나 일부 바이러스의 경우 수년 동안 세포 내에서 휴면 상태로 남아 있는 경우도 있다.

　식물 바이러스는 해당 식물을 먹고사는 곤충들에 의해 옮겨지는 경우가 많다. 인간의 감기나 독감은 기침과 재채기를 통해 전파된다. 반면에 인체 면역결핍 바이러스(HIV)처럼 성적인 접촉을 통해 전파되는 바이러스들도 있다. 다행스럽게도 백신이 다른 바이러스를 막는 동안 인체의 면역 체계는 대부분의 바이러스 감염과 성공적으로 싸워 낸다.

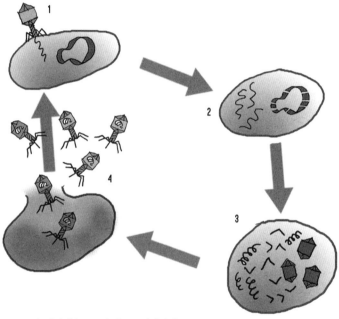

1 바이러스 RNA가 세포로 침입한다.
2 바이러스 RNA가 전사된다.
3 바이러스 RNA가 단백질로 전환된다.
4 세포에 형성된 새로운 바이러스들이
  세포를 뚫고 나오면서 숙주 세포가 죽는다.

생화학적 기원

생명체에 필요한 유기화합물들이 어떻게 지구상에
생겨난 것인지에 대해서는 추측만 할 수 있다. 훨씬 단순한
화합물들의 화학반응으로 저절로 발생했거나, 우주에서
지구로 넘어왔을 수도 있다.

1953년 시카고 대학에서는 젊은 행성에 폭풍우가 몰아치는
상황에서 단순 화학물질 사이에 반응이 촉발되어 생명체
형성에 필요한 요소들이 생겨날 수 있었을지 여부를 조사하는
유명한 밀러-유리 실험Miller-Urey experiment이 실시되었다.
스탠리 밀러Stanley Miller와 해럴드 유리Harold Urey는 물과 메탄,
수소, 암모니아를 섞은 후 전기불꽃을 일으켜 번개가 친 것
같은 효과를 주었다. 그 결과 단백질의 근간인 아미노산을
비롯한 유기화합물 다수가 생겨났다.

그 이후, 초기 지구의 활발한 화산활동으로 이산화탄소,
질소, 황산 화합물들로 이루어진 물질들이 풍부해졌다는
증거가 발견되었다. 이로 인해 생화학물질들의 생성이
촉진되었을 가능성도 있다. 그리고 천문학자들이 혜성에서
아미노산 같은 유기 분자들을 발견했는데 혜성 충돌로
생화학물질들이 지구에 전달되었을 가능성을 암시한다.

/ Origins of biochemicals

1 물이 가열되어 증기를 생성한다.
2 증기가 수소, 메탄, 암모니아로 구성된 원시 '대기'와 섞인다.
3 회로를 통해 전기불꽃을 일으킨다.

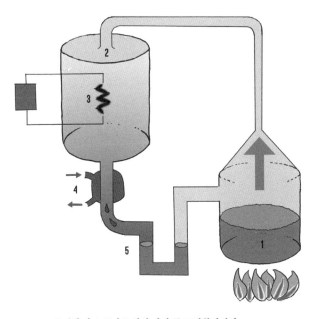

4 응축기로 증기를 식혀 다시 물로 전환시킨다.
5 온도가 내려간 물에 유기화합물이 풍부해진다.

생명 복제

방식은 밝혀지지 않았지만 어쨌든 초기 지구에 생명체
형성에 필요한 복잡한 유기화합물이 생겨났다. 그러나
무생물인 화학물질들은 어떻게 해서 자기 증식하는 생명체가
된 것일까?

생명의 기원에 대한 수수께끼 가운데 하나는 오늘날 자기
증식하는 모든 유기체가 단백질 형성에 필요한 유전정보를
DNA에 저장하고, DNA를 복제하고, 자손을 남기기 위해서는
단백질 효소가 필요하다는 점이다. 다시 말해 DNA와
단백질은 모두 생명체에 필수적인 요소들인데, 지구에 DNA와
단백질이 동시에 생겨났을 가능성은 낮아 보인다.

'RNA 세계' 가설에서는 가장 초기에 나타난 자기
증식 유기체는 RNA(p. 152)와만 관련이 있다고 제시한다.
RNA는 효소로서 역할 및 유전암호를 운반하는 역할 등
DNA보다 많은 기능을 수행할 수 있기 때문이다. 그러나
여러 과학자들은 복잡한 RNA 분자들이 초기 지구 상태에서
자연적으로 생겨났다는 주장에 의구심을 가진다. 결국 생명의
기원을 설명하기 위해서는 단순한 '원-포트one-pot' 실험이
훨씬 더 설득력을 얻어야 할 것으로 보인다.

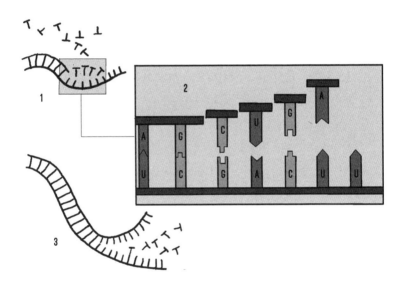

1 RNA 세계 가설에 따르면 RNA 배열은 환경 내에 있는
  뉴클레오티드에서 자체 복제된다.
2 각 염기는 상응하는 다른 종류의 염기 한 개와만 맞을 수 있다.
3 새로운 RNA 배열이 개방되고 이 과정이 다시 시작된다.

생명체의 외계 기원

지구상 생명체의 기원에 대한 흥미로운 가설이 있다. 생명체가 지구에서 처음 발생한 것이 아니라는 것이다. '범종설panspermia'이라고 하는 이 가설에 따르면 우주에서 온 행성과 유성들로 인해 지구로 옮겨진 것들에 복잡한 유기화학물질들뿐만 아니라 실제 생명체들도 있었으며, 이런 생명체를 통해 모든 생명체가 진화하게 되었다는 것이다. 이 가설이 맞다면 우리는 모두 외계 생명체의 후손들이다.

범종설의 지지자들은 자체 바다에 충분한 물을 가진 혜성이 지구로 떨어지면서 수십억 년에 걸쳐 우주에서 계속 진화해 온 완전한 생명체를 동반했을 가능성이 있다고 주장한다. 이 관점에서 보면 지구가 생명체가 살기에 적합한 환경이 된 후 어떻게 그리도 빠르게 생명체가 '나타났는지' 설명된다.

게다가 일부 강인한 박테리아는 우주의 척박한 환경과 심지어 행성 표면의 강렬한 충격에도 생존할 수 있다는 흥미로운 증거도 있다. 물론 우주에 이런 생명체가 존재할 수 있다는 암시는 있더라도 실제로 생명체가 존재한다는 직접적인 증거는 없다.

범종설

1 복잡한 유기 분자들이
  행성 사이의 공간에서 진화한다.
2 젊은 태양계에 있는 혜성들 내부에
  생존하고 진화하는 생명체와 미생물들이 있다.
3 혜성이 초기 지구로 떨어지면서
  생명체의 씨를 뿌리게 된다.

진화

　진화는 인간의 눈 색깔 등 부모에게서 자손으로 전해지는
유전적 특성의 변화로 시간이 지나면서 생명체 집단이
변화를 겪게 되는 것을 말한다. 환경적 요인이 이런
변화들의 원인이 될 수도 있다. 예를 들어 기린의 목이 길게
진화한 것은 나무 높은 곳에 있는 잎사귀를 많이 먹을 수
있었던 기린들이 살아남아 더 많은 자손을 남겼기 때문이다.

　이런 '자연선택natural selection'(p. 192)은 진화의 핵심이 되는
개념 가운데 하나이다. 그러나 진화에 영향을 미치는 것은
다른 유전적 요인들도 있다. 유전자에 저절로 무작위적인
돌연변이가 발생할 때, 유리한 특성이 생겨나면서 해당

생명체가 더 많은 자손을 가질 수도 있다. 이 경우 이런 돌연변이는 집단 안에서 유지된다. 또한 '유전적 부동genetic drift'(p.194)도 작용하는데, 단순히 우연에 의해서 특정 유전자 종이 번성하게 되는 것을 의미한다.

서로 밀접한 생태학적 상호작용을 하는 두 개 이상의 종이 '공진화coevolution'를 통해 진화하는 경우도 있다. 예를 들면 식물이 초식동물로부터 자신을 보호하기 위해 가시를 갖는 방향으로 진화하는 한편, 초식동물은 이런 가시를 방어하는 방향으로 진화해 식물의 전략을 무효화시킬 수 있다.

자연선택

　자연선택은 진화의 기본적인 기제 가운데 하나이다. 영국
과학자였던 찰스 다윈Charles Darwin과 앨프리드 러셀 월리스Alfred
Russel Wallace는 1858년에 자연선택 이론을 발표했다.

　생명체들은 각자 다른 특성을 가지고 있으며, 이런 특성들은
생명체가 자손에게 자신의 형질을 전달할 만큼 오래 생존할
수 있을지에 영향을 미친다. 유리한 형질은 다음 세대들에 좀
더 흔하게 나타나게 된다. 시간이 지나면서 생명체 집단들은
여러 가지 종들로 갈라지는 '종 분화'를 겪는다. 되돌아보면
모든 생명체 쌍이 공통된 조상을 가진다. 예를 들어 인간과
침팬지는 약 600만 년 전에는 조상이 같았다.

　회색가지나방은 영국의 산업화 기간에 빠르게 발생한
자연선택의 사례이다. 흔히 볼 수 있던 옅은 색의
회색가지나방은 그을음으로 어두워진 나무에 앉았을 때 눈에
잘 띄어 쉽게 새들의 먹잇감이 되었다. 반면에 어두운 색의
회색가지나방은 번식할 때까지 살아남을 수 있었다. 그 결과
회색가지나방 집단은 어두운 색이 다수를 차지하게 되었다.
하지만 이후 영국의 대기 청정 기준이 강화됨에 따라 이
과정은 다시 역전되었다.

색소 부족으로 인해 깨끗한 환경에서 위장이 되는 나방

어두운 색소로 인해 더러운 환경에서 위장이 되는 나방

유전적 부동

유전적 부동은 진화의 원동력이 되는 요소로 형질이
우연적으로 번성하거나 사라지게 되는 현상을 의미한다.
이런 현상이 일어나는 것은 생물체 집단에서 특정 형질을
가진 개체들이 번식을 가장 활발하게 하거나 아예 하지 않기
때문이다.

유전적 부동은 개체 수가 아주 적은 집단의 유전적
다양성을 급격하게 줄이는 경향이 있다. 예를 들어, 동물 열
마리로 구성된 집단에서 두 개체만이 특정한 유전자 종을
가지고 있는데 생식능력이 있는 자손을 남기지 않는다면, 이
유전자 종은 영원히 사라지게 될 것이다.

유전적 부동의 특이한 경우인 '창시자 효과founder effect'는
적은 수의 개체들이 해당 집단에서 고립될 때 발생한다.
예를 들어, 1700년대 말 미크로네시아 연방의 핑걸랩 섬에서
태풍이 발생하면서 인구 가운데 스무 명만이 살아남아
대를 이었다. 지금 이 섬에 사는 5~10퍼센트의 인구는
다른 곳에서는 아주 드물게 발생하는 완전색맹 증세를
겪는다. 이것은 당시 태풍 생존자들이 이런 증세와 관련된
열성유전자를 가지고 있었기 때문일 것이다.

3세대에 걸친 급속한 유전적 부동

1 1세대: '드문' 형질의 빈도는 17퍼센트이다.
2 2세대: 드문 형질의 빈도가 25퍼센트로 증가한다.
3 3세대: 드문 형질의 빈도가 39퍼센트로 증가한다.

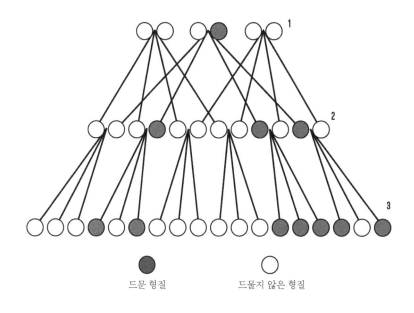

드문 형질　　　드물지 않은 형질

인간의 기원

오늘날 살아 있는 모든 인간들은 약 11만~13만 년 전 아프리카에 살았던 '미토콘드리아 이브mitochondirial Eve'라 불리는 여성의 후손이다. 과학자들은 모계를 통해 유전되는 인간 미토콘드리아(p. 162)의 DNA에 대한 현대적 유전 분석으로 이런 사실을 추론해 냈다.

널리 인정되고 있는 '아프리카 기원' 가설에 따르면 호모사피엔스Homo sapiens라고 하는 현생 인류는 약 20만 년 전 아프리카에서 처음 나타났다. 그 이후 지난 10만 년에 걸쳐 전 세계로 이주해 나갔다. 인류가 중동에 도달한 것은 약 7만 년 전, 남아시아에 도달한 것은 6만 년 전, 서유럽에 도달한 것은 약 4만 년 전이다. 북미 식민지에 도달한 시기는 확실하지 않지만 약 3만 년 전이나 훨씬 이후였을 것으로 추정된다.

고대 인류는 찌푸린 인상을 한 아시아의 '호모 에렉투스Homo erectus'를 예로 들 수 있다. 정착 인류는 해당 지역에 토착해 있는 고대 인류 종족을 대체하게 되었다.

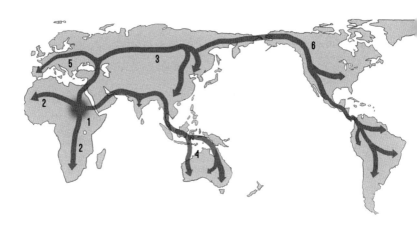

아프리카 기원설

1 동아프리카 내 인류 기원(약 20만 년 전)
2 아프리카 전반에 걸친 인류 확산(10만 년 전)
3 아시아로 이주(6만 년 전)
4 동남아시아 및 오스트레일리아로 확산(5만~6만 년 전)
5 유럽으로 이주(4만 년 전)
6 아메리카 대륙 개척(1만 5,000~3만 5,000년 전)

먹이그물

먹이그물 및 먹이사슬은 생태계에서 유기체 간의 포식-피식 관계에 대한 도표이다. 먹이사슬은 대개 '매가 뱀을 먹고, 뱀은 두꺼비를 먹는다'는 식의 1차 배열로 표시된다. 먹이그물은 훨씬 복잡하게 얽힌 상호 연관 사슬 구조를 보여 준다.

생명체는 '생산자', '소비자', '분해자'의 세 가지 범주로 분류할 수 있다. 녹색식물 등의 생산자는 에너지 및 단순 무기화합물에서 먹이를 자체 생산할 수 있다. 소비자는 다른 유기물을 섭취해 에너지를 얻으며, 식물을 먹는 초식동물('1차 소비자')과 동물을 먹는 육식동물, 동식물을 모두 먹는 잡식동물로 구성된다. 쥐를 먹는 뱀 같은 1차 소비자를 먹는 동물은 2차 소비자이고, 2차 소비자를 먹는 동물은 3차 소비자이다.

분해자는 죽은 동식물로부터 에너지를 얻는 유기체로, 지렁이나 고목에서 자라는 곰팡이 등을 예로 들 수 있다. 분해자는 녹색식물 같은 생산자에게 필요한 단순한 무기화합물과 영양분으로 물질을 분해한다.

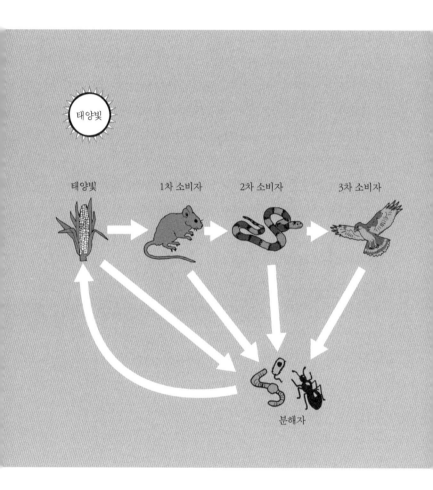

태양빛

| 태양빛 | 1차 소비자 | 2차 소비자 | 3차 소비자 |

분해자

순환

탄소순환carbon cycle이란 모든 유기물질의 핵심 재료인
탄소가 지구의 육지, 바다, 대기, 내부 환경의 다양한
요소들을 통해 순환하는 과정이다. 식물은 광합성 과정에서
이산화탄소(CO_2)를 흡수하고, 죽어서 분해될 때 탄소를
방출한다. 수백만 년에 걸쳐 식물이 묻히고 압착되다 보면
화석연료로 전환될 수 있다. 동식물은 호흡하는 동안
이산화탄소를 배출하며, 화석연료를 태울 때는 더 많은
이산화탄소가 생긴다. 이산화탄소 등 기체 일부는 호수나
바다 같은 물에 흡수되는데, 산호나 조개류 같은 유기체들이
흡수된 이산화탄소를 탄산칼슘으로 전환시키고, 이
탄산칼슘은 바다 침전물 형태로 쌓인다.

물의 순환도 중요한 순환들 가운데 하나이다. 해수면 위를
지나가는 따뜻한 공기로 인해 물이 증발되면, 위로 올라가
응축되면서 구름을 형성한 후 비가 되어 떨어진다. 질소
'고정' 현상 때문에 식물 안에 있는 질소는 영양소의 형태로
갇혀 있다. 질소순환nitrogen cycle은 토양 박테리아가 질소
화합물을 분해할 때, 식물 안에 갇혀 있던 질소가 대기 중의
질소 기체로 되돌아가는 순환 과정이다.

탄소순환의 주요 요소

1 대기 중 탄소
2 유기체에 의해 흡수된 탄소
3 유기체에 의해 방출된 탄소
4 바다를 오가며 순환하는 탄소
5 암석 사이에 갇힌 탄소
6 화석연료에 의해 연소되어 방출되는 탄소

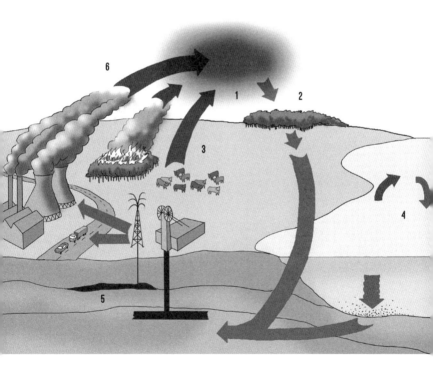

생물의 다양성

생물의 다양성은 단세포 박테리아와 곤충에서 거대한 대왕고래에 이르는 지구상 생명체의 모든 종들 사이에 어느 정도의 다양성이 존재하는지에 대한 개념이다. 또한 단일 종의 유전적 다양성이나 습지나 숲 생태계의 다양성을 의미할 때 사용되는 용어이기도 하다.

지금까지 밝혀진 지구상 유기체는 약 175만 종이다. 박테리아와 곤충 등 소규모 생명체가 대부분이며, 추정치에 따르면 실제 수는 1억 종에 달할 수 있다. 그러나 최근 수백

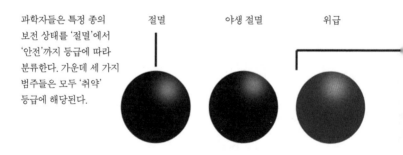

과학자들은 특정 종의 보전 상태를 '절멸'에서 '안전'까지 등급에 따라 분류한다. 가운데 세 가지 범주들은 모두 '취약' 등급에 해당된다.

절멸   야생 절멸   위급

년 동안 농경을 위해 서식지를 파괴하는 것과 같은 인간 활동으로 종의 멸종 속도가 급속하게 빨라지고 있다.

1500년에서 2009년 사이에 국제기구들은 1980년대에 완전히 멸종한 자와호랑이를 포함해 800종 이상의 멸종 종들을 기록했지만, 대다수의 멸종 사례들은 발견되지 않았을 수도 있다. 환경 보호론자들은 '절멸'에서 '안전'에 이르는 등급에 따라 종의 취약성을 분류한다.

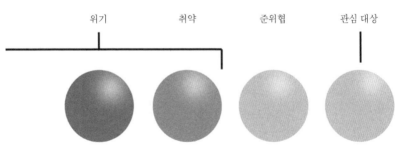

위기   취약   준위협   관심 대상

대멸종

대멸종은 환경조건이 변함에 따라 엄청난 수의 생명체 종이 죽는 것을 말한다. 6,500만 년 전 지구상에서 공룡들을 모조리 쓸어냈던 백악기-제3기 멸종이 대표적이다 가장 유력한 가설은 대규모의 소행성이 지구와 충돌해 지구의 대기가 먼지로 가득 차면서 태양을 가리게 되었고, 이에 따라 지구의 기후가 공룡들이 생존할 수 없는 매우 추운 상태가 되었다는 것이다.

화석 기록에 따르면 과거에 공룡 멸종 이외에도 다른 대멸종 사례들도 다수 발생했다. 4억 4,000~4억 5,000년 전 오르도비스기 말 멸종을 예로 들 수 있다. 이에 대해 과학자들은 생명체가 살기 어려운 대륙 빙하가 곤드와나Gondwana라고 하는 고대 초대륙(현재 대륙 구조가 형성되기 훨씬 전에 존재했던 대륙)에 걸쳐 증가한 것을 원인으로 보고 있다.

많은 과학자들은 사냥, 공해, '생물 다양성의 보고'인 열대 우림 등의 서식지 파괴와 같은 인간 활동이 대멸종을 야기하고 있다고 추측한다. 이런 지역들에 사는 다수의 생물 종은 미처 존재조차 알려지지 않은 상태로 멸종할 수도 있는 것이다.

지구 역사상 발생한 대멸종 사례

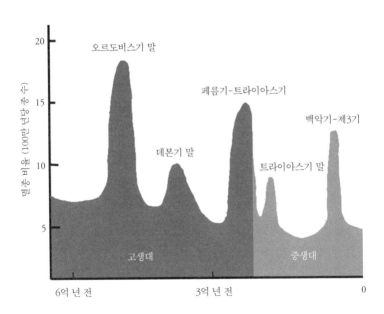

유전자조작

유전자조작은 현대 생명공학 기술을 사용해 유기체의
유전자를 변화시킴으로써 세포의 단백질합성을 지시하는
DNA를 바꾸는 것이다. 농작물에 대한 유전자조작을 통해
해충이나 열악한 환경에 대한 저항력 같은 바람직한 특성을
가지게 하는 것을 예로 들 수 있다.

농작물과 가축을 전통적인 방식으로 키울 경우, 농부들은
바람직한 특성을 가진 작물이나 동물을 골라 교배시킴으로써
상업적 가치가 있는 자손들을 생산하도록 한다. 반면에
유전자조작은 전통적인 사육으로는 불가능한 방법을 통해

1 해충 박멸 유전자를
가진 박테리아 세포
2 효소로 유전자를
추출한다.
3 DNA를 작물 세포
속으로 삽입한다.
4 세포를 배양한다.
5 해충에 강한 작물을
재배한다.

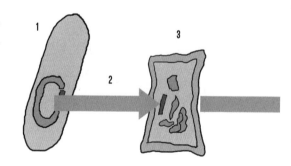

유기체의 특성을 바꾼다.

예를 들어 일부 목화 작물은 토양 박테리아의 유전자를 가지도록 조작된다. 이런 목화 작물은 해충을 죽이는 화학물질을 생산하기 때문에 살충제를 뿌릴 필요성이 줄어든다. 유전자조작을 통해 유기체에 있는 유전자 특성이 약해지거나 '억압'되는 경우도 있다. 이런 조작을 통해 평지기름oilseed rape 작물이 해로운 기름을 생산하지 않도록 만들 수 있다. 유전자가 조작된 동물들은 유전자 기능 실험에 주로 사용되지만, 아직 상업화된 농업에 사용되지는 않고 있다.

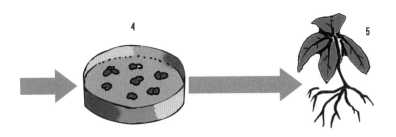

파밍

생명공학 분야에서 '제약pharmaceutical'과 '양식farming'의 합성어인 파밍은 유용한 의약품이나 상업적 화학물질을 생산하도록 식물이나 동물을 유전적으로 조작하는 것을 말한다. 예를 들어 식물의 유전자를 조작함으로써 씨앗 부분에 인체 항체를 풍부하게 보유하도록 만들어 암이나 간염, 말라리아 같은 질병에 대항할 수 있는 면역 체계의 특수 단백질들을 만들어 낼 수 있다.

염소들을 통해 이미 유전자조작을 통해 위험한 혈전

1 난자를 추출해 시험관에서 수정시킨다.
2 실험실에서 수정란의 유전암호를 변경시킨다.

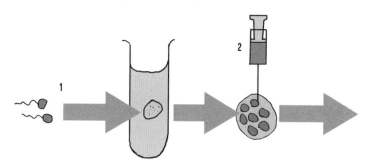

생성을 방지하는 의약품인 에이트린ATryn이 상업적으로
생산되고 있다. 이 의약품의 활성 단백질은 염소의
젖으로부터 정제된다. 이외에도 의약품 생산을 위한 다양한
식물들의 유전자조작 실험이 이루어지고 있다. 지지자들은
이런 유전자조작이 중요한 백신을 안전하고 낮은 가격으로
생산하는 방법이라고 주장한다. 반면에 반대자들은
유전자조작 식물과 자연적인 식물과의 교배로 환경과 식량
공급이 교란될 수 있다고 우려한다.

3 대리 부모에게로 배아 이식을 한다.
4 유전적으로 조작된 자손이 만들어진다.

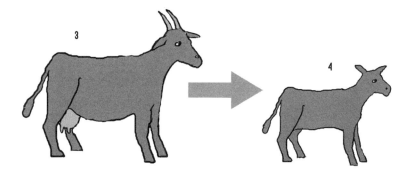

복제

생식 복제는 특정 유기체와 정확하게 동일한 DNA를 가진 유전적 복제본을 만드는 것을 말한다. 최초로 복제된 포유동물인 복제 양 돌리Dolly는 1996년 스코틀랜드 에든버러 근처의 로슬린 연구소에서 탄생했다.

복제 양 돌리는 핵 치환 배아 복제 줄기세포라는 기술로 탄생했다. 과학자들은 성체 양의 젖샘 세포를 채취한 후 이 세포의 DNA를 가진 핵을 세포핵이 제거된 난자 세포로 이식했다. 이렇게 조작된 세포는 정상적인 배아로 성장한 후 대리모 양에게 이식되었고, 임신 주기를 다 채워 복제 양 돌리가 태어났다. 돌리는 세포핵을 채취했던 성체 암컷 양과 유전적으로 완전히 동일한 복제본이었다.

복제 양 돌리가 탄생한 이후 연구자들은 말, 염소, 소, 쥐, 돼지, 고양이, 토끼 등 다양한 크기의 포유류를 복제해 왔다. 언젠가는 '치료를 목적으로 하는 복제(일종의 줄기세포 요법)'를 통해 유전적으로 동일한 조직과 장기를 만들어 거부반응〔p. 252〕 위험 없이 환자의 이식수술에 사용될 수 있을지도 모른다.

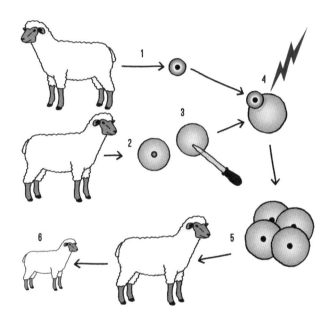

1 수컷으로부터 채취된 체세포
2 암컷으로부터 채취된 난자 세포
3 난자에서 핵이 제거된다.
4 수컷의 DNA가 암컷의 난자 세포와 융합된다.
5 대리모에게 배아를 이식한다.
6 체세포를 채취한 수컷의 복제본인 자손이 생성된다.

심장혈관계

    심장혈관계는 신체 전반으로 혈액을 순환시킴으로써
폐에서 산소를 운반하고 장기와 근육, 신경으로
영양소를 이동시킨다. 심장은 혈관 조직인 동맥을 통해
산소가 풍부한 혈액을 공급한다. 이 혈액이 조직에서
모세혈관이라는 미세한 혈관들에 도달하면 산소를
배출한다. 세포들은 이 산소를 이용해 에너지를 생산하게
된다.

    세포들이 배출한 이산화탄소 같은 노폐물도 혈액에
흡수되어 운반된다. 사용되거나 '산소가 제거된' 혈액은
혈관을 타고 폐로 되돌아가며, 다시 신선한 산소를 흡수해
같은 순환을 반복한다. 안정상태에서 평범한 심장의 박동
수는 1분에 70~80회 정도이다. 이것은 전기 자극으로
심장근육이 리드미컬하게 수축하기 때문이다.

    심장의 각 측면은 '심방'이라고 하는 윗부분과
'심실'이라고 하는 좀 더 큰 아랫부분으로 나누어진다.
심방은 혈액이 들어오는 부분이며 심실은 혈액이 방출되는
곳이다. 혈액은 각 심방에서 한 방향으로 작동하는 판막을
통해 나간 후 아래쪽의 심실로 들어온다.

1 머리와 팔에서 오는
  산소가 제거된 혈액
2 머리와 팔로 가는
  산소가 풍부한 혈액
3 폐로 가는 산소가
  제거된 혈액

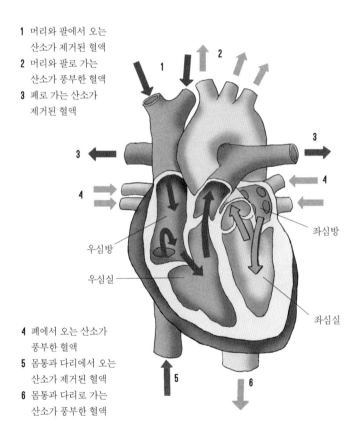

우심방

우심실

좌심방

좌심실

4 폐에서 오는 산소가
  풍부한 혈액
5 몸통과 다리에서 오는
  산소가 제거된 혈액
6 몸통과 다리로 가는
  산소가 풍부한 혈액

호흡계

호흡계는 신체의 모든 장기에 필수적인 산소를 혈액에 공급하는 역할을 한다. 우리가 숨을 들이쉴 때는 흉강 아래쪽에 걸쳐 있는 얇은 근육인 횡격막이 수축해 공기를 폐 안으로 끌어당기며, 숨을 내쉴 때는 횡격막이 이완된다.

공기가 입과 코를 통해 들어오면 후두를 지나 기도로 향한다. 기도는 흉강 안에 위치한 기관지라는 좀 더 작은 관 두 개로 갈라져 있으며, 폐 속에서 세분화되어 모세혈관으로 둘러싸인 폐포라고 하는 수백만 개의 미세한 공기주머니들과 연결된다. 산소는 모세혈관 벽들을 통해 동맥혈 속으로 확산된다. 한편 혈관들은 폐포를 이산화탄소 노폐물로 채우고, 이 노폐물은 날숨을 통해 동일한 경로를 거쳐 밖으로 내보내진다.

들숨은 대부분이 질소(약 78퍼센트)이며 21퍼센트 정도가 산소이다. 날숨은 78퍼센트가 질소, 16퍼센트가 산소, 4퍼센트가 이산화탄소이다. 즉, 신체는 산소를 흡수하고 이산화탄소를 배출한다.

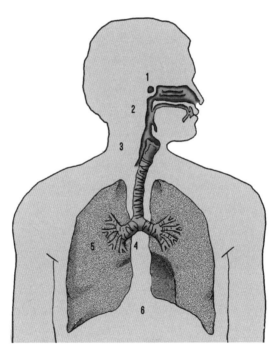

1 입과 코를 통한 호흡 경로 **2** 후두 **3** 기도 **4** 기관지 **5** 폐포 **6** 횡격막

소화계

소화계는 음식물을 소화시켜 신체가 영양분을 흡수하도록 하는 일련의 장기들이다. 우리가 입으로 삼킨 음식물은 식도를 타고 내려가는데, 이때 식도는 점액을 분비해 음식물이 쉽게 지나가도록 돕는다. 내려간 음식물은 J 모양의 주머니처럼 생긴 위로 들어간다.

위벽 내의 분비선은 산과 소화효소가 풍부한 액체를 분비한다. 이 액체가 해로운 박테리아 일부를 죽이고 음식물을 소화시키기 시작한다. 이런 1차 소화가 이루어진 후 음식물은 소장으로 이동한다. 여기서 십이지장이 산을 중화시키고 추가로 소화 과정을 시작하며, 이 과정은 총 4~6미터 정도 길이의 코일형 관인 공장과 회장에서도 계속된다. 소화된 음식물이 맹장을 지나 대장에 도착하면 거의 모든 영양소가 빠진 상태가 된다. 대장에서는 남은 부산물에서 수분을 흡수하며, 이후 노폐물은 항문을 통해 밖으로 배출된다.

간은 핏속에 있는 알코올과 같은 물질에서 독성을 제거하고, 지방을 분해하는 담즙을 생산해 쓸개에 저장하는 등 여러 가지 중요한 기능들을 수행한다. 췌장은 소화를 돕는 효소와 더불어 호르몬들을 분비한다.

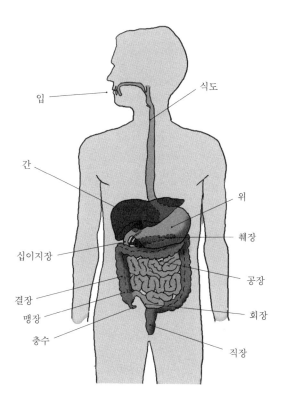

입

식도

간

위

췌장

십이지장

공장

결장

맹장

회장

충수

직장

근골격계

근골격계는 뼈대에 있는 모든 뼈와 근육, 힘줄과 이들을
지지해 움직임을 돕는 결합조직들로 구성된다.

인체 내에는 200개 이상의 뼈가 있어 단단하고 방어적인
뼈대를 형성한다. 훨씬 부드러운 조직과 장기들이 이런
뼈대에 붙어 있다. 두개골이 두뇌를 충격으로부터 보호하고
흉골과 늑골이 심장과 폐를 보호하는 것을 예로 들 수 있다.
뼈들은 인대라고 하는 섬유조직 밴드로 연결되어 있다.
대퇴골을 포함한 일부 뼈들의 경우 줄기세포가 있는 골수를
가지고 있는데, 줄기세포는 혈구로 전환되어 신체의 혈액
공급을 증가시킬 수 있다.

'수의근(또는 맘대로근)'이라고도 하는 골격근은 섬유질
다발로 구성되어 있으며, 수축하거나 이완하면서 뼈와 관절을
움직인다. 골격근은 주로 힘줄이라고 하는 콜라겐 섬유질에
의해 뼈에 붙어 있으며, 두뇌로부터 받는 지시에 반응해
움직인다. '불수의근(또는 제대로근)'이라고도 하는 평활근은
위장과 내장 같은 장기들의 벽 내부에 형성되어 있어
의식적인 조절 없이 음식물을 소화계로 보내는 역할을 한다.

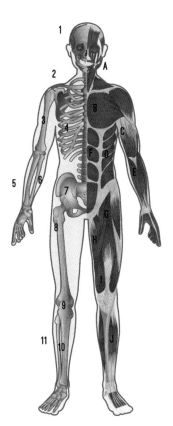

주요 뼈

1 두개골
2 쇄골
3 상완골
4 늑골
5 요골
6 척골
7 골반
8 대퇴골
9 슬개골
10 경골
11 비골

주요 근육

A 흉쇄유돌근
B 흉근
C 이두박근
D 외복사근
E 상완요근
F 복직근
G 대퇴직근
H 봉공근
I 사두근
J 전경골근

비뇨계

비뇨계는 음식물을 소화한 이후의 노폐물을 혈액에서 제거한다. 이런 노폐물에는 화학식이 $(NH_2)_2CO$인 '요소'가 있는데, 음식물에서 단백질이 분해될 때 생겨난다. 비뇨계의 주요 장기인 신장은 혈압을 조절하는 기능도 갖고 있으며, 염분 수치를 안정시키고 에리스로포이에틴erythropoietin이라는 호르몬을 생성해 골수 안에서 적혈구 생산을 조절한다.

쌍으로 된 자줏빛 갈색의 장기인 신장은 등의 가운데 부분을 향하는 늑골 바로 밑에 위치한다. 신장은 네프론이라고 하는 작은 여과 단위들을 통해 혈액에서 요소를 제거한다. 네프론은 작은 모세혈관들로 이루어진 둥근 공들에 '세뇨관'이라는 작은 관이 달려 있다.

네프론에서는 요소와 물과 다른 노폐물들이 소변을 형성한다. 이 소변은 '수뇨관'이라는 관들을 거쳐 방광으로 흘러가 저장되었다가 요도를 통해 배출된다. 정상적인 소변은 무균 상태로, 액체와 염분, 노폐물이 들어 있지만 박테리아나 바이러스는 존재하지 않는다.

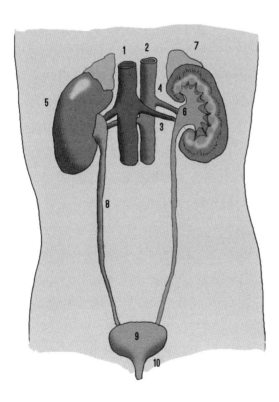

1 하대정맥
2 대동맥
3 신정맥
4 신동맥
5 신장
6 네프론
7 부신
8 요관
9 방광
10 요도

생식계

인체의 생식계는 남성과 여성이 자손을 만들도록 하는
장기들로 구성된다. 남성의 정자가 여성의 난자(p.168)와
수정되고 나면 약 40주의 임신 기간 동안 배아를 거쳐
신생아로 성장한다.

남성의 음낭의 고환에서 정자가 생산되고, 부고환이라는
코일형 세관들 속에서 정자들이 성숙된다. 남성이 사정을
할 때 정자는 방광을 둘러싸고 있는 정관을 따라 이동한 후,
전립선 정낭에서 만드는 분비액과 함께 음경을 통해 배출된다.
정액은 정자를 위한 영양분을 포함하고 있으며, 정자가
수정하기 위해 여성의 난자로 '헤엄쳐' 갈 수 있도록 한다.

여성은 난소 속에 정해진 수(약 200만 개)의 미성숙한
난자들을 가지고 태어난다. 난소에서는 영양소와 보호 기제를
가진 세포들에 둘러싸인 난자가 각 난포에 하나씩 들어 있다.
사춘기가 지나면 호르몬에 의해 성숙된 난자 한 개가 매달
나팔관으로 이동한다. 성관계를 할 때 이곳에서 수정이 일어날
수 있다. 이렇게 수정된 난자는 자궁으로 가서 자리를 잡는다.
자궁은 두꺼운 근육 벽을 가지고 있으며, 태아가 성장하면
함께 확장된다.

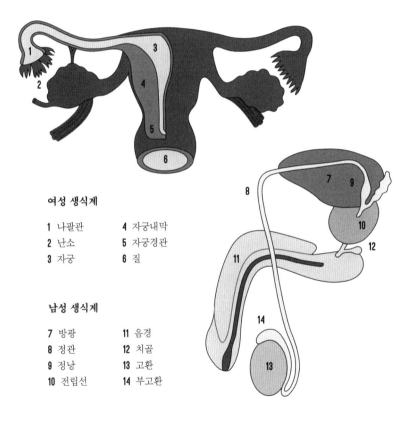

여성 생식계

1	나팔관	4	자궁내막
2	난소	5	자궁경관
3	자궁	6	질

남성 생식계

7	방광	11	음경
8	정관	12	치골
9	정낭	13	고환
10	전립선	14	부고환

내분비계

인체의 내분비계는 호르몬을 분비하는 일련의
분비선들로 구성된다. 분비된 호르몬은 혈류를 타고
이동해 화학적 신호 전달자의 역할을 한다. 또한 적합한
수용기(p. 148)를 가진 세포에서 화학변화를 일으킨다.

두뇌 아래쪽에 위치한 뇌하수체에서 분비된 호르몬들은
신체 성장과 온도 조절, 혈압, 남녀의 생식기관, 임신 및
출산에 관계된 여러 가지 요소들을 조절한다. 송과선pineal
gland 역시 두뇌에 있으며, 수면 패턴을 조절하는 호르몬인
멜라토닌melatonin을 생산한다.

갑상선은 신체가 에너지를 사용하고 단백질을 만드는
속도를 조절한다. 두 개의 부신에서는 스트레스 호르몬인
코티솔을 생성해 혈당치를 높이며, 췌장은 탄수화물 및
지방 물질대사를 조절하는 호르몬인 인슐린을 분비한다.
내분비계는 신경세포 조직들을 통해 신체 전반에 특정
지시들을 전달하는 신경계(p. 230)와 협력해 기능을
수행한다.

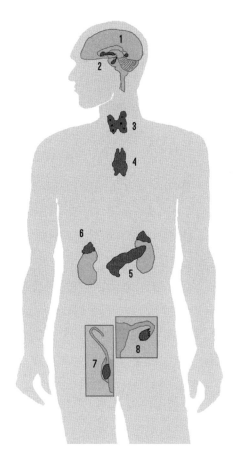

1 송과선(솔방울샘)
2 뇌하수체
3 갑상선
4 흉선
5 췌장
6 부신(두 개)
7 고환
8 난소

면역계

    면역계는 박테리아나 바이러스, 기생충, 곰팡이 등 질병을 유발할 가능성이 있는 '외부' 물질들의 공격으로부터 신체를 방어하는 장기 및 조직, 세포 들의 기관이다. 면역계는 이런 병원체들을 찾아내서 파괴하는 놀라운 기능을 한다.

    면역계에 속하는 장기로는 편도선, 비장, 그리고 미세한 림프관들에 걸쳐 있는 작은 콩 모양의 림프절 등이 있다. 이런 장기들은 모두 면역계에서 핵심적 역할을 하는 백혈구의 일종인 '림프구'를 가지고 있다. 면역 세포들은 박테리아를 삼켜 소화하거나 기생충을 죽이는 것처럼 특정한 기능들을 가진 경우가 많다. 흉선에서 성숙되어 암세포 및 바이러스 감염 세포들을 공격하는 '킬러 T세포'를 예로 들 수 있다. 일부 T세포들은 이미 접한 적이 있는 병원체 등을 '기억'했다가 발견하는 즉시 본격적인 공격을 가하기도 한다.

    한편 면역계가 적을 잘못 판단해서 건강한 인체 조직을 파괴해 질병을 야기하는 경우도 있다. 또한 면역 체계가 약할 경우 폐렴 같은 질병에 취약해지는 등 여러 문제점들이 발생할 수 있다.

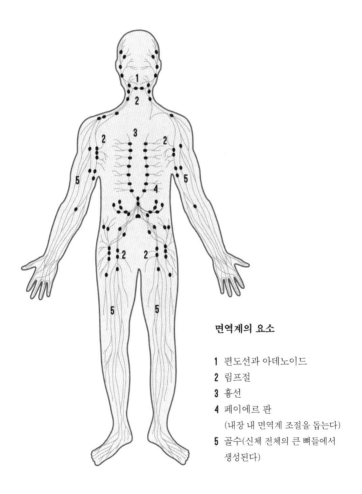

면역계의 요소

1 편도선과 아데노이드
2 림프절
3 흉선
4 페이에르 판
  (내장 내 면역계 조절을 돕는다)
5 골수(신체 전체의 큰 뼈들에서
  생성된다)

외피계

외피계는 인체에서 가장 큰 면적을 차지하는 피부와 함께 머리카락과 손톱 같은 피부 관련 조직들로 구성된다. 피부는 신체 안에 있는 섬세한 장기들을 보호하며, 신체의 온도 조절, 외부 물질 차단, 수분 유지 등의 물리적 장벽 역할을 한다.

피부 대부분은 약 2~3밀리미터 두께로, 성인 표준 몸무게의 20퍼센트 정도를 차지한다. 피부의 외층은 '표피'라고 한다. 표피는 죽은 세포들로 구성되어 피부의 방수 상태를 유지한다. 표피의 가장 깊은 층에서는 세포분열이 발생해 새로운 세포들이 생성된다. 새로 생긴 세포들은 점점 바깥쪽으로 밀려나 외층 표피를 대체하게 된다.

표피 밑에 있는 '진피'는 혈관과 신경, 땀샘/한선 등을 포함한다. 땀샘은 물과 더불어 혈류에서 노폐물을 수집해 표피에 있는 땀구멍을 통해 배출시킨다. 진피 아래에는 피하지방조직이 있다. 피하지방조직은 피부와 그 밑에 위치한 뼈 및 근육을 연결하는 역할을 한다.

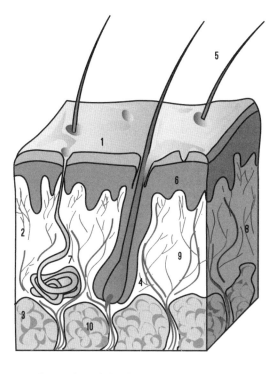

1 표피 **2** 진피 **3** 피하조직 **4** 모낭 **5** 모간 **6** 유선/지선
7 한선/땀샘 **8** 림프관 **9** 신경 **10** 지방조직

신경계

신경계는 두뇌가 지시를 보내고 피드백을 받는 '정보의 고속도로'라고 할 수 있다. 신경계는 '뉴런neuron'이라고 하는 수십억 개의 신경세포들로 이루어진다. 이 세포들이 서로 모여 연결 조직들로 감싸진 케이블 다발 같은 신경을 구성해 신체 전반에 걸쳐 전기 자극들을 전송한다.

중추신경계는 두뇌와 척수로 구성된다. 성인 인간의 두뇌에는 약 1,000억 개의 뉴런과 수조 개의 '교세포(영양소 운반 등의 지원 기능을 수행하는 세포)'가 있다. 척수는 척추에 위치한 긴 관 모양의 신경조직 다발이다.

말초신경계는 중추신경계와 연결된 나머지 신경계 부분이다. 두뇌에서 나와 주로 머리와 목 부분을 담당하는 뇌신경 열두 쌍과, 척수에서 시작되어 신체 나머지 부분에 걸쳐 있는 척수신경 31쌍으로 구성된다. '자율신경계'는 말초신경계의 한 부분으로, 심장박동률에서 동공 크기 조절 등, 대개 의식적인 노력을 하지 않고도 할 수 있는 다양한 기능들을 조절한다.

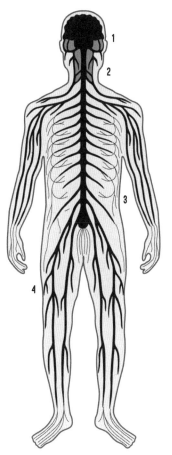

1 두뇌에서 뇌신경은
   눈, 입, 귀, 그리고 머리의
   다른 부분들을 감지한다.
2 두뇌와 척수에 자리한
   중추신경
3 척수에서 폐, 심장,
   소화계, 방광, 생식계에
   걸쳐 있는 자율신경
4 척수와 팔다리를
   연결하는 말초신경

심장혈관계 질병

심장혈관계 질병은 심장과 혈관(p.212)에 영향을 미치는 일련의 기능 장애들로, 심장마비와 뇌졸중 등이 포함된다. 심장혈관계 질병은 선진국에서 주요 사망 원인이다.

심장마비는 심장근육에서 동맥이 혈전으로 갑자기 막혔을 때 발생한다. 심장으로 가는 거의 모든 혈액 공급이 차단되면, 산소가 풍부한 혈액을 충분히 공급받지 못한 심장 세포들이 죽어 가기 시작한다. 혈액순환을 되돌리는 즉각적인 조치를 받지 못할 경우 사망할 확률이 높아진다.

뇌졸중은 두뇌 일부로 혈액 공급이 차단되어 뇌세포가 죽어 가기 시작하면서 발생하며, 뇌손상이나 사망으로까지 이어질 수 있다. 대부분의 뇌졸중은 '허혈성,' 즉 혈전으로 인해 혈액 공급이 차단되어 발생한다. '뇌출혈'의 경우 취약해진 혈관이 파열되면서 뇌손상이 야기된다.

심장혈관계 질병을 예방하기 위한 최선의 방법은 동맥 혈관에 지방 플라크를 축적시키는 원인을 제거하는 것이다. 기름진 음식의 섭취량을 줄이는 것이 도움이 될 수 있다. 고혈압과 높은 콜레스테롤, 흡연, 운동 부족 역시 심장혈관계 질병을 유발할 수 있는 요소들이다.

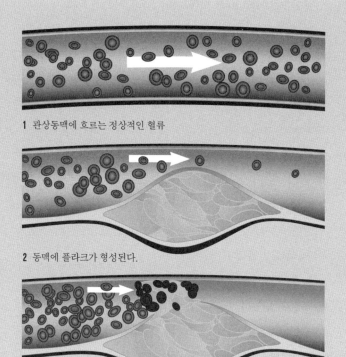

1 관상동맥에 흐르는 정상적인 혈류

2 동맥에 플라크가 형성된다.

3 동맥의 혈전 형성으로 혈류가 차단된다.

전염병

전염병은 박테리아 및 바이러스(pp.178, 182) 등의 병원체가
신체에 침입할 때 발생한다. 전염병은 특히 개발도상국
국가들에서 주요 사망 원인 가운데 하나이다.

일부 박테리아 감염은 내장에서 소화되는 음식물의 분해를
돕는 등 신체에 유익할 수도 있다. 그러나 해로운 박테리아는
건강한 세포에 달라붙어 세포 표면을 덮어 버리거나 독성
화학물질을 생성하는 등 다양한 방법을 통해 질병을 유발할
수 있다. 곰팡이는 무좀 같은 질병들을 야기하며, 말라리아를
발생시키는 말라리아원충 등의 단세포 기생충들도 병원체에
속한다. 다세포 기생충 역시 질병을 유발할 수 있다. 내장에서
수 미터까지 자랄 수 있는 촌충이 그 예이다.

드물게 발생하는 일부 전염병들은 '프리온prion'으로
야기된다. 프리온은 잘못된 구조로 변형되어 다른 단백질들을
결함을 가진 상태로 전환시키는 단백질이다. 프리온으로
유발된 질병은 두뇌를 망가뜨리는데, 가축들이 걸리는
소해면상뇌증(BSE)을 예로 들 수 있다. '광우병'으로도 불리는 이
질병은 먹이사슬을 통해 크로이츠펠트야코프병(Creutzfeldt–Jakob
disease, CJD)의 형태로 인간에게도 전해질 수 있다.

프리온 질병 순환

1 신경세포에서 만들어진 정상적인 단백질
2 잘못된 구조로 변형된 프리온 단백질
3 변형된 프리온 단백질이 신경세포에
  있는 정상적인 단백질을 감염시킨다.
4 새로 생성된 변형 프리온 단백질들이
  세포를 뚫고 나와 세포가 죽는다.

암

암이란 신체에서 세포들이 주체할 수 없이 분리되면서 종양이라고 하는 덩어리들을 형성하는 질병이다. 암의 종류는 200가지가 넘는다. 암은 선진국에서 심장혈관계 질병〔p.232〕 다음으로 흔한 사망 원인이다.

이런 종양들은 해롭지 않은 '양성'일 수도 있지만, 암이란 '악성'종양들을 의미하는 용어이다. 악성종양은 주변 조직들에 침입하거나 혈액이나 림프계〔p.226〕를 통해 다른 장기들로 옮겨 가는 방식으로 신체 다른 부분들로 퍼져 나갈 수 있다. '전이'란 암세포가 다른 부분으로 퍼지면서 계속 분리되어 새로운 종양들을 형성하는 것이다.

암에 대한 치료법으로는 악성종양을 제거하는 수술과, 방사선을 사용해 암세포를 파괴하는 방사선 치료법이 있다. 화학요법을 받는 환자는 빠르게 분리하는 세포들을 공격하는 약을 복용한다. 그런데 이런 약은 모낭처럼 원래 빠르게 분리하는 정상적이고 건강한 세포까지 공격하기 때문에 불쾌한 부작용들을 동반한다. 신체의 면역계에서 생성되는 화학물질이 큰 부작용 없이 자연스럽게 종양을 줄이는 경우도 있다.

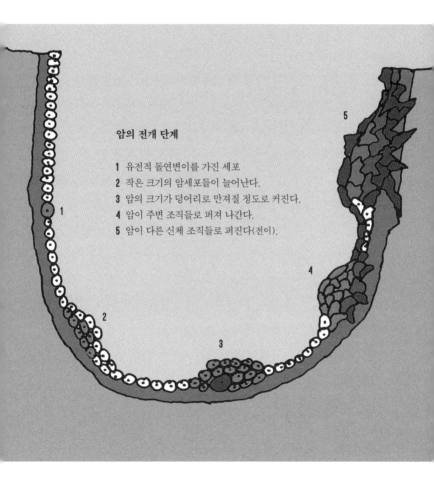

암의 전개 단계

1 유전적 돌연변이를 가진 세포
2 작은 크기의 암세포들이 늘어난다.
3 암의 크기가 덩어리로 만져질 정도로 커진다.
4 암이 주변 조직들로 퍼져 나간다.
5 암이 다른 신체 조직들로 퍼진다(전이).

약물

약물은 일반적인 신체 기능을 변화시키는 화학물질을 통칭하는 용어이다. 대부분 질병을 치료하거나 치유하거나 예방하거나 육체적 건강과 정신적 건강을 증진시키기 위한 화학물질을 의미한다.

약물의 종류는 신체 세포를 손상시키지 않으면서 박테리아를 죽이는 항생제류와 바이러스 복제 현상을 저해하는 항바이러스 약 등 아주 다양하다. 전 세계에서 가장 많이 소비되는 약품인 리피토는 콜레스테롤 수치를 낮춘다. 그 외에도 천식과 심장혈관계 질병을 치료하는 약들도 있다.

'진통제'는 고통을 줄이는 약품이다. 부상을 당할 경우 신경 말단이 통각을 자극하는 신호를 두뇌로 보내는데, 진통제는 신경계에 이런 신호들이 가는 걸 방해한다. 대부분의 진통제는 자연스럽게 생성되는 화학물질들로 구성된다. 아스피린은 버드나무에서 생성되는 화학물질을 사용하며, 아편 계열의 진통제는 양귀비에서 추출한 아편과 비슷한 방식으로 작용한다. 아편 계열의 약품이나 환각제 등을 사용해 쾌락을 얻으려는 사람들도 있지만, 대부분의 마약류 약품은 중독성이 강하다.

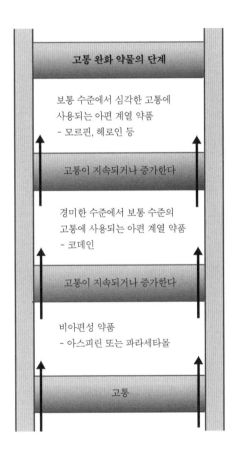

체외수정

체외수정(IVF)은 불임인 여성이 임신을 할 수 있도록 하는 기술이다. 의사들은 여성의 나팔관(p. 222)이 손상되었거나 남성 쪽의 정자 수치가 낮을 경우 체외수정을 권고할 수 있다.

체외수정 과정에서 여성은 난소 내에 성숙한 난자 수치를 늘리는 약을 복용한다. 이후 의사는 초음파 스캐너를 통해 지켜보면서 바늘을 난소 속으로 삽입해 난자를 추출한다. 이렇게 확보된 난자들은 정자와 섞여 실험실에서 배양된다.

이런 과정을 통해 배아들이 성공적으로 발달할 경우, 이 가운데 한 개에서 세 개 정도가 여성의 자궁 속에 이식된다. 배아 수가 많을수록 임신할 가능성이 높지만, 대부분의 국가에서는 사용되는 배아 수를 제한하는 규정이나 법을 적용하고 있다. 다태 임신이 발생할 경우 조산의 위험이 커지기 때문이다.

체외수정 시술을 받는 여성 네 명 가운데 한 명이나 세 명 가운데 한 명만이 임신이 된다. 임신 성공 비율은 여성의 나이에 따라 크게 좌우된다.

체외수정의 주요 단계

1 난소에서 난자를 채취한다.
2 난자가 실험실에서 수정된다.
3 수정된 난자가 실험실에서 배양된다.
4 이 중 일부 수정란이 자궁에 삽입된다.

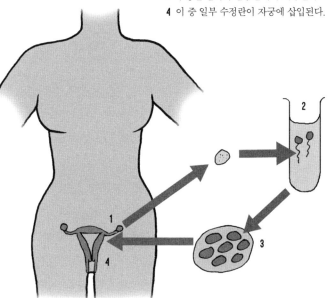

신장투석

신장투석은 주로 당뇨병이나 고혈압으로 염증이 발생해 신장 기능이 저하된 사람들을 위한 치료법이다. 투석은 혈액에서 노폐물과 염분, 과다한 수분을 제거하는 신장의 주요 기능들을 대신 수행한다.

'혈액투석'은 동맥에서 혈액을 채취해 투석기에 주입하는 과정이다. 투석기 안에는 혈구가 통과하지 못하는 작은 구멍들이 있는 투석 막이 있는데, 혈액이 그 투석 막을 통과하면서 혈액 안의 노폐물이 걸러진다. 그렇게 투석된 혈액은 다시 혈관으로 주입된다. 혈액투석 치료는 대부분 일주일에 세 차례 실시되며, 한 번에 서너 시간 정도가 소요된다.

'복막투석'은 복강 내부에 투석액을 주입함으로써 복막을 통해 몸속에서 혈액이 투석되도록 하는 치료법이다. 고정된 관을 통해 복부 속으로 투석 액을 주입한다. 투석 액이 복강 부분의 동맥과 혈관에서 노폐물과 과다한 수분을 흡수한 후 다시 관을 통해 배출시키는 방법이다.

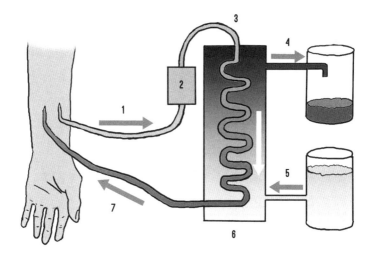

1 동맥에서 추출된 혈액 **2** 펌프 **3** 반투과성 막 **4** 사용된 투석 액
5 새로운 투석 액 **6** 투석기 **7** 투석된 혈액을 혈관으로 다시 주입한다.

수술

수술은 주로 질병을 치료하기 위해 신체 안의 조직을 직접 제거하거나 변경하는 의료 시술법이다. 외과 수술은 7,000여 년 전부터 시행되었는데, 석기시대 사람들이 머리 부상을 치료하거나 다른 건강상 목적을 위해 부싯돌 등으로 두개골을 열었던 것이 시초이다.

현대의 수술은 특수한 장소에서 신중하게 소독된 수술 도구들을 사용해 이루어진다. 수술에 앞서 환자들은 신체 부위의 감각을 없애는 국부마취, 또는 무의식 상태를 유도하는 전신마취를 받는다. 흔히 시행되는 외과 수술에는 복부에서 태아를 꺼내는 제왕절개술과 탈장(내장 일부가 밖으로 튀어나오거나 복부 벽이 약화되는 증상) 복구술 등이 있다.

'키홀keyhole' 수술이라고도 하는 복강경 수술의 경우 의사는 환자의 신체 일부를 미세하게 절개한 후 소형 카메라가 부착된 기다란 수술 도구를 삽입해 모니터로 지켜보면서 수술하는 방법이다. 복강경 수술은 담낭을 제거할 때 자주 시행된다. 절개 부위가 작기 때문에 수술로 인한 고통이나 흉터가 적고 감염 가능성도 낮다.

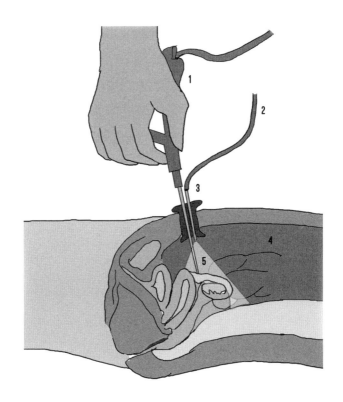

1 수술 도구　**2** 복강경　**3** 다중 복강경 포트　**4** 복강　**5** 빛이 비치는 부분

수혈

수혈은 기증자에게서 혈액을 채취해 다른 사람에게 제공하는 것이다. 부상이나 수술, 출산 등으로 출혈을 겪었거나 적혈구 생성을 억제하는 질병이 있을 경우 환자는 수혈을 받아야 할 수 있다.

수혈 과정에서 혈액은 카테터catheter를 통해 기증자의 혈관에서 비닐봉지로 옮겨지고, 그 안에서 혈액응고방지제와 섞인다. 채취된 혈액을 환자의 혈액형과 호환되게 해 수혈을 할 때 환자의 면역계가 거부반응을 보이지 않게 한다. 혈액형은 대부분 A, B, O, AB의 네 가지 유전적 종류로 분류된다. 전체 인구의 약 40퍼센트에 해당하는 혈액형인 O형은 누구에게나 수혈이 가능하며, 혈액형이 AB형인 환자는 모든 혈액형으로부터 수혈을 받을 수 있다.

수혈용으로 확보된 혈액은 또한 인체 면역결핍 바이러스(HIV) 등의 감염원 여부에 대한 검사를 거친다. 혈액은 주로 세 가지 주요 구성원인 적혈구, 혈장, 혈소판으로 분리되어 환자 개개인의 필요에 따라 사용된다.

혈액형 종류

	A형	B형	AB형	O형
적혈구 종류				
항체	항체 B	항체 A	없음	항체 A 및 항체 B
수혈 가능한 기증자	A형 또는 O형	B형 또는 O형	모든 혈액형	O형

레이저치료

레이저치료는 의사가 메스 대신 레이저를 사용해 조직을 자르거나 제거하는 시술법으로, 일반 수술 과정에서 신체 특정 부분을 절개하거나, 수분 함량이 높은 병든 조직을 기화시키는 용도로 사용된다. 성형수술을 할 때에도 얼굴 피부 표피를 제거해 새로운 피부 세포가 성장하도록 촉진함으로써 피부를 더 부드럽게 만들고 주름이나 흉터를 개선하는 용도로 사용될 수 있다.

레이저를 사용한 시력 교정 수술도 널리 시행되고 있다. 의사가 레이저를 사용해 각막의 일부를 증발시킴으로써 각막의 형태를 교정해 근시나 원시를 교정하는 시술이다. 녹색 레이저의 경우, 녹색 빛이 적색인 전립선 조직에 의해 쉽게 흡수되는 성질을 이용해 비대해진 남성의 전립선을 수축시키는 데 주로 사용된다.

치과 의사들도 치과용 드릴 대신 레이저를 사용함으로써 통증을 거의 유발하지 않고 충치를 제거하거나, 치아 미백 과정에 소요되는 시간을 단축시키기도 한다. 레이저 시술의 가장 큰 장점은 수술 도구로 인한 물리적 접촉이 없기 때문에 감염의 위험이 적다는 것이다.

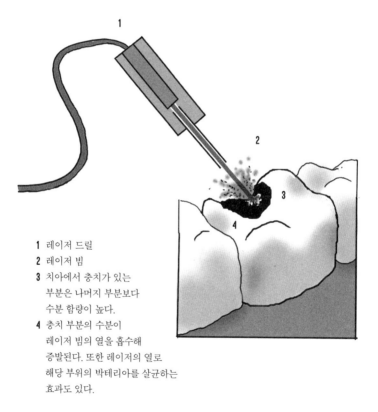

1 레이저 드릴
2 레이저 빔
3 치아에서 충치가 있는
  부분은 나머지 부분보다
  수분 함량이 높다.
4 충치 부분의 수분이
  레이저 빔의 열을 흡수해
  증발된다. 또한 레이저의 열로
  해당 부위의 박테리아를 살균하는
  효과도 있다.

유전자치료

유전자치료는 DNA에서 불량 단백질을 생성하는 유전자 때문에 발생하는 질병의 치료에 사용된다.

유전자치료는 주로 바이러스를 유전적으로 변형시켜 정상적인 인간 DNA 일부를 가지도록 만드는 것이다. 일부 바이러스들이 복제 과정의 일환으로 자체 DNA를 인간 유전자로 통합시키는 현상을 이용한다. 바이러스에 정상적인 인간 DNA 일부를 주입해 결함 있는 DNA를 대체하도록 하는 것이 목적이다. 이렇게 유전적으로 조작된 바이러스는 폐 세포나 간세포 등을 대상으로 정상적인 인간 유전자를 전파하게 된다. 이런 유전자들이 필요한 단백질을 생성하기 시작하면서 해당 세포가 건강한 상태로 복원된다.

과학자들은 이런 유전자치료법으로 다양한 유전병을 영구적으로 치료할 수 있을 것이라고 기대한다. 대표적인 유전병으로는 혈우병을 예로 들 수 있다. 혈우병은 혈액 안의 정상적인 응고 요소가 부족해 작은 상처로도 치명적인 출혈이 발생할 수 있는 병으로, 남성에게만 유전된다. 그러나 현재까지는 인간을 위한 유전자치료법이 영구적으로 효과가 있거나 안전한지 여부가 확실히 증명되지 못한 상태이다.

혈우병에 대한 유전자치료

1 혈액응고 요소가 암호화된 DNA를 바이러스에 주입한다.
2 바이러스가 해당 DNA를 인간 세포핵으로 전파한다.
3 변형된 세포가 중요한 혈액응고 요소를 생성한다.

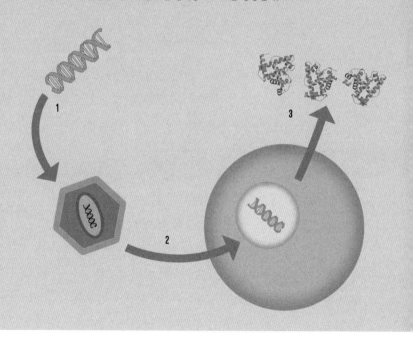

줄기세포 치료

줄기세포 치료법은 다발성경화증, 마비, 알츠하이머병을 포함해 이전에는 치유가 불가능했던 다양한 질병들을 완전히 치료하는 수단이 될 것으로 기대되는 기술이다. 줄기세포는 배아와 더불어 골수 등 다양한 성체 조직들에 존재한다. 여러 가지 종류의 특정 세포로 분화하는 고유의 특징을 가지고 있기 때문에 손상된 조직을 재생하거나 복구하는 데 사용될 가능성이 있다.

골수이식은 백혈병 치료를 위한 일종의 줄기세포 치료법이라고 할 수 있다. 성인의 줄기세포의 경우 생성할 수 있는 세포의 종류가 한정되어 있지만, 배아에서 얻는 줄기세포는 간세포나 신경, 피부 세포 등 모든 종류의 세포로 분화될 수 있다. 척수 복구를 위한 신경세포 등 인간 배아에서 추출된 세포를 이용하는 치료법은 아직 초기 실험 단계이다.

과학자들은 앞으로 치료가 필요한 환자에게서 성체 줄기세포를 추출해 배아 세포와 동일한 상태로 만드는 것이 가능해질 것으로 기대한다. 이런 '만능' 줄기세포가 실현될 경우, 환자의 면역 거부반응에 대한 위험 없이 환자에게 필요한 모든 종류의 조직으로 분화시킬 수 있을 것이다.

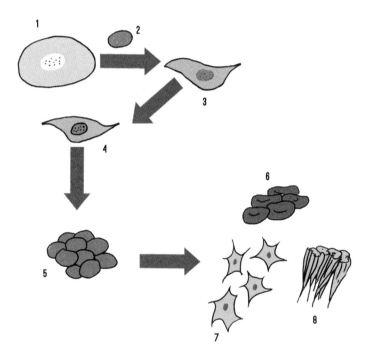

1 환자의 세포 **2** 세포핵 추출 **3** 복제된 배아
4 복제된 배아가 발달한다. **5** 배아 세포가 모든 종류의 세포로 분화될 수 있다.
6 혈구 **7** 신경세포 **8** 근육세포

지구의 역사

지구는 약 45억 6,000만 년 전, 태양 주변의 가스와 먼지가 둥글게 소용돌이치며 서로 점점 뭉치면서 생겨났다. 초기 지구는 온도가 아주 높았기 때문에, 지구의 중금속들이 녹아 지구 중심으로 가라앉아 지구의 핵과 맨틀을 각각 형성하게 되었다. 약 45억 3,000만 년 전에는 화성 크기의 물체가 지구와 충돌하면서 달(p.318)이 생겨난 것으로 추정된다.

지구의 역사는 네 개의 누대(지질시대 구분에서 가장 큰 단위)로 나눌 수 있으며, 첫 누대는 지구 형성부터 38억 년 전까지 지속된 '명왕 누대Hadean'이다. 명왕 누대 말로 가면서 '후기 대폭격기'라고 하는 수많은 운석이 지구로 쏟아져 내리는 기간이 있었다. 이때 물을 함유한 혜성들도 지구 표면으로 떨어지면서 지구에 바다가 형성되었다.

후기 대폭격기 이후 지구에 생명체가 등장했다. 원시 식물들의 광합성 작용으로 약 30억 년 전 지구 대기에 산소가 풍부해졌다. 5억 4,200만 년 전에서 현재까지 이어지고 있는 '현생 누대' 동안에는 대륙들이 점점 합쳐지면서 '판게아'라고 하는 단일 대륙이 형성되었고, 이후 다시 분리되어 현재의 대륙 구도를 이루게 되었다.

약 2억 5,000만 년 전, 지구의 모든 대륙들이 합쳐지면서 판게아Pangaea
('지구 전체'를 의미하는 그리스어)라고 하는 거대한 대륙을 형성했다.

지구의 구조

　지구의 가장 바깥쪽 층인 지각은 대륙과 해저로 구성된다.
대륙지각은 대부분 35~70킬로미터 정도의 두께이며,
해양지각은 이보다 얇은 5~10킬로미터 정도이다. 지구
지각에서 가장 많이 볼 수 있는 암석은 규산염암인 화강암과
현무암이다.

　지각 안쪽 층인 맨틀은 뜨거운 곤죽 같은 상태의
규산염으로 이루어져 있으며, 두께는 약 2,900킬로미터이다.
맨틀 속에 있는 거대한 '대류 세포'들은 열을 순환시키며
판구조론(p.264)의 근거가 되는 요소이다. 지구의 외핵은 철이
풍부한 유동체이며, 내핵은 고체 상태로 대부분이 철이고,
일부는 니켈로 되어 있는 것으로 추정된다.

　지구 내부의 온도는 중심으로 1킬로미터 들어갈 때마다
섭씨 25~30도 정도씩 상승하는 것으로 예상된다. 지구가
형성되었을 때 지구 안에서 열의 일부가 소실되었으나,
불안정한 원소들의 방사능붕괴로 인해 열이 생성된다.
과학자들은 지진으로 생기는 지진파가 전달되는 방식을
측정함으로써 지구의 깊은 내부 구조를 추정한다.

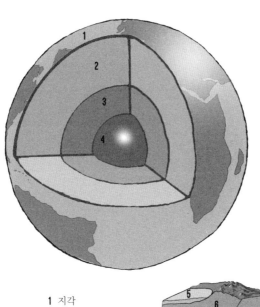

1 지각
2 맨틀
3 용융 외핵
4 고체 내핵
5 바다
6 지각
7 암성 유동권

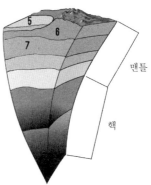

지구 자기

지구 자기란 막대자석의 자기장과 비슷한 지구의 자기장을 의미한다. 지구 자기장의 북극과 남극은 지리학적인 북극 및 남극과 가까이 있지만, 지구 자기장의 양극은 매년 약 40킬로미터까지 움직인다. 북극과 남극에서 발생하는 오로라는 태양의 고에너지 입자들이 지구의 대기에 있는 분자들을 자극할 때 자기장 양극 근처에서 발생하는 독특한 빛 현상이다.

'다이나모 이론dynamo theory'에 따르면 지구의 전자기장은 일종의 피드백 메커니즘을 통해 자체적으로 유지된다. 지구 자기장은 금속 유동체 상태인 외핵(p.256)의 전류를 유도한다. 이 전류는 대류 흐름과 지구 자전으로 인해 북쪽에서 남쪽으로 정렬된 소용돌이 모양을 형성한다. 이로 인해 원래의 자기장을 강화시키는 자기장이 유도되면서 자체로 유지되는 '다이나모(발전기)'가 생성된다.

고대 화산 유암에 존재하는 자기장에 따르면 몇 십만 년을 주기로 지구의 자기장은 북극이 남극 쪽으로, 남극이 북극 쪽으로 바뀌며 뒤집어진다. 이런 현상이 발생하는 원인에 대해서는 아직 밝혀지지 않았다.

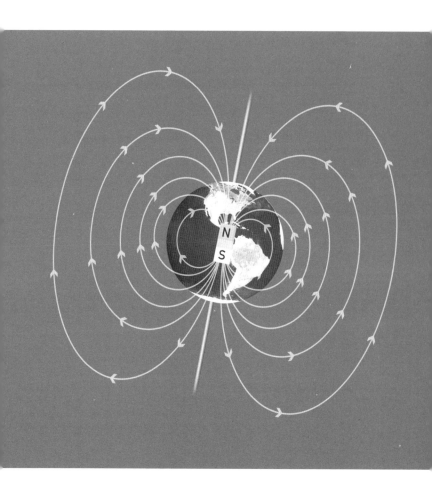

지구의 형태

지구의 형태는 편평 타원체인데, 이는 지구의 자전으로 적도 쪽이 약간 튀어나왔기 때문이다. 지구의 평균 지름은 12,742킬로미터이지만, 양극을 기준으로 한 지름은 적도 지름보다 0.3퍼센트 정도 짧다.

지구 표면의 좌표계에는 위도선과 경도선이 사용된다. 경도선은 북에서 남으로, 위도선은 양극으로 갈수록 작아지는 원으로 표시된다. 관례적으로 영국 런던의 그리니치 지역을 통과해 지나는 '본초자오선'이 경도 0도, 적도가 위도 0도로 기준선 역할을 한다. 이에 따라 지표면 위의 모든 위치가 북쪽/남쪽, 동쪽/서쪽 각도로 표시될 수 있다. 예를 들어 서울의 위치는 북위 37도, 동경 126도이다.

측량사와 엔지니어들은 지구의 평균 해수면을 기준으로 한 가상의 지표면인 지오이드geoid라는 개념을 주로 사용한다. 지오이드는 모든 곳을 수평으로 나타내고 중력은 이에 수직으로 작용하기 때문에 사용이 편리하다. 수로의 파이프가 지오이드 면을 따라 완벽하게 정렬되지 않을 경우 수로에서 물이 흐르지 않도록 하는 것을 예로 들 수 있다.

1 지리학적 북극
2 그리니치자오선
3 적도
4 양극 사이에 걸친 경도선
5 적도와 평행한 위도선

계절

지구의 궤도는 거의 원형이며, 1년 동안 태양으로부터의 거리 변화가 3퍼센트 정도에 불과하다. 이것은 지구가 받는 태양에너지 변화가 약 6퍼센트 정도임을 의미하지만, 이것이 계절 변화의 원인은 아니다. 더운 여름과 추운 겨울이 발생하는 것은 지구의 자전축이 23.5도 기울어져 있기 때문이다.

기울어진 자전축으로 인해 6월 21/22일 하지에 북쪽의 여름은 온도가 제일 높아진다. 북쪽의 여름 기간에 북반구가

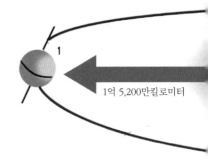

1 북쪽 여름 하지(6월)
2 주야 평분시equinox: 북반구 및 남반구의 일조량이 동일하다.
3 남쪽 여름 하지(12월)

1억 5,200만킬로미터

받는 일조량은 남반구보다 훨씬 많다. 12월에는 남반구가
받는 일조량이 많아지며, 12월 21/22일에 온도가 가장
높다. 3월 20/21일 춘분과 9월 22/23일 추분에는 북반구와
남반구의 일조량이 동일하다.

    남극과 북극에서 남위/북위 66도 이상의 위도에 해당하는
모든 지역의 여름에는 밤이 없는 백야 기간이 생기고,
겨울에는 낮이 없는 극야 기간이 생긴다. 그것은 지구의
거대한 자전축이 기울어져 있기 때문에 벌어지는 현상이다.

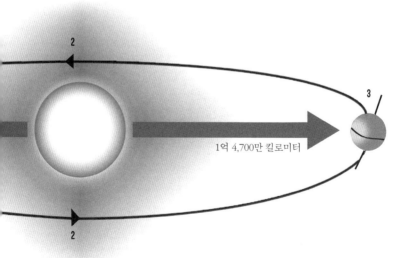

1억 4,700만 킬로미터

판구조론

　판구조론은 단단한 지각과 상부 맨틀로 이루어진 지구 암석권의 움직임을 설명하는 이론이다. 판구조론은 '판게아'라고 하는 하나의 거대한 대륙이 약 2억 5,000만 년 전에 분리되면서 아프리카와 유럽 등의 현재 대륙 체계를 형성하게 되었다는 대륙이동설의 시초이기도 하다.

　암석권은 아래에서 움직이는 맨틀 때문에 이동하는 여러 개의 지질 판으로 나누어진다. 밀도가 높고 오래된 암석권은 '침강 지역'의 깊은 맨틀 속으로 가라앉는다. 반면에 대양저 산맥에서의 화산 폭발로 새로운 지층이 형성된다. 지질 판이 움직이는 속도는 보통 아주 느리며, 손톱이 자라는 속도와 거의 비슷하다.

　지질 판들이 서로 충돌하면 산맥이 생겨날 수 있으며, 서로 떨어질 경우 '발산형' 단층이 발생한다. 지질 판들이 서로 미끄러지며 지나가는 부분에는 '변환 단층 경계'가 형성된다. 지진과 화산은 대부분 지질 판 경계와 동시에 발생하는데, 화산의 경우 높은 온도의 맨틀 융기 위에 가로놓인 지질 판 내부에 있는 '열점'에서도 발생할 수 있다.

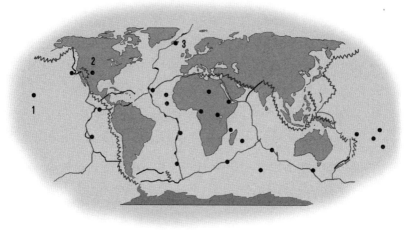

——— 발산형 지질 판 경계   **1** 하와이
——— 변환 단층 지질 판 경계   **2** 옐로스톤
ᨋᨋᨋ 수렴형 지질 판 경계   **3** 아이슬란드
   ● 열점

단층

단층이란 암석이 많은 지역에서 암석 두 덩어리가 서로 상대적으로 이동함에 따라 생긴 균열이나 단절을 말한다. 소규모의 단층들도 있으나, 대부분의 단층은 주요 지질구조 판(p.264)의 경계에서 지구를 가로질러 생긴 거대한 단층계의 일부이다. 단층이 갑자기 움직일 경우 지진이 발생한다. 수평으로 움직이는 단층은 주향 이동 단층이라고 하며, 주로 수직으로 움직이는 단층은 경사 이동 단층이다.

'발산형 단층'은 두 지질 판이 서로 점점 분리되도록 움직일 때 발생한다. 이때 해양지각에서 균열을 통해 지하에 있던 마그마가 올라와 식으면서 대양저 산맥이 형성될 수 있다. 해양지각이 다른 지질 판 밑으로 들어가게 되면서 두 지각 판이 마찰하며 가라앉는 '섭입대'가 발생할 때도 있다. 두 지질 판이 충돌할 때 히말라야 같은 거대한 산맥이 생기기도 한다.

'변환형 단층'은 지질 판이 서로 수평적으로 미끄러져 지나갈 때 발생한다. 대규모 지진이 수차례 발생했던 캘리포니아의 샌안드레아스 단층이 대표적인 예이다.

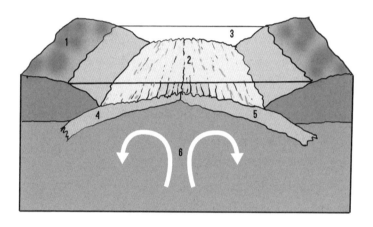

1 두꺼운 대륙지각 **2** 발산형 단층을 따라 화산활동 발생
3 낮은 분지를 채우는 바닷물 **4** 새로 형성된 해양지각
5 발산형 단층을 따라 분리된 지질 판 **6** 맨틀 아래 대류의 흐름

지진

지진은 지구 지각 내에 있는 에너지가 갑자기 방출되면서 지진파를 생성해 지반이 흔들리게 되는 현상이다. 지진은 지질 판(p.264)들이 서로 마찰 없이 원활하게 미끄러져 지나가지 못할 때 발생한다. 마찰이 생겨 두 지질 판이 맞물리면서 압박이 누적되어 결국 지질 판이 거칠게 흔들리는 것이다.

서로 분리되는 정단층은 '일반' 지진을, 역단층은 '스러스트thrust' 지진을 일으킨다. 지질 판이 서로 미끄러져 지나가는 주향 이동 단층은 '주향 이동' 지진을 일으킨다. 지금까지 지진의 강도는 리히터 규모로 측정되고 있으며, '진도' 9가 넘는 지진의 경우 수천 킬로미터 범위의 지역들에 파괴적인 영향을 미친다.

지진이 바다 밑에서 발생할 경우, 해저가 심하게 흔들리면서 거대한 파도인 쓰나미가 생겨나 해안 지역들을 덮치기도 한다. 2004년 12월에는 인도네시아 수마트라 해안 지역에서 발생한 지진은 14개국 23만 명의 사망자를 낸 사상 최악의 쓰나미를 일으켰다.

1 정단층: 두 단층면이
당기는 힘에 의해 수직 방향으로 움직인다.

2 역단층: 두 단층면이
미는 힘에 의해 수직 방향으로 움직인다.

3 주향 이동 단층: 두 단층면이
서로 미끄러져 지나간다.

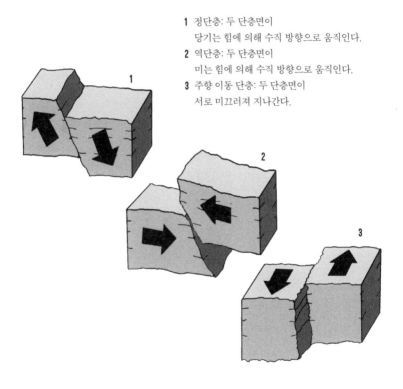

화산

화산은 높은 온도의 마그마가 지하 맨틀에서 발생하는 열로 지구 지각을 뚫고 나올 때 생성된다. 대부분의 화산은 지질 판(p.264)들이 수렴하거나 발산하는 경계를 따라 생긴다. 지질 판들이 분리 중인 대서양중앙해령이 그 예이다.

화산은 지질 판 경계에서 멀리 떨어져 있으면서 높은 온도의 맨틀 융기 위에 가로놓인 '열점'에서도 발생한다. 해저 열점에서 화산 폭발로 형성된 하와이 섬들이 대표적인 예이다. 화산으로 인해 '칼데라'라고 하는 화산 꼭대기 함몰 화구에서 용암과 재, 가스를 분출하는 원뿔형 산이 생기는 경우가 많다. 그러나 용암 돔으로 인해 꼭대기가 뾰족한 화산들도 있다.

'화산 쇄설류'는 뜨거운 가스와 재, 암석이 화산 분출구에서 시속 150킬로미터에 달하는 속도로 지상으로 쏟아져 내려오는 것을 말한다. 또한 화산이 폭발할 때 수 미터 규모에 이르는 용암 덩어리들도 분출된다. 이 용암 덩어리들은 지상으로 떨어지기 전에 식어서 굳는다. 역사상 가장 피해 규모가 컸던 화산 폭발은 1815년 인도네시아의 탐보라 화산에서 발생한 폭발로, 최소 7만 1,000명의 사망자를 냈다.

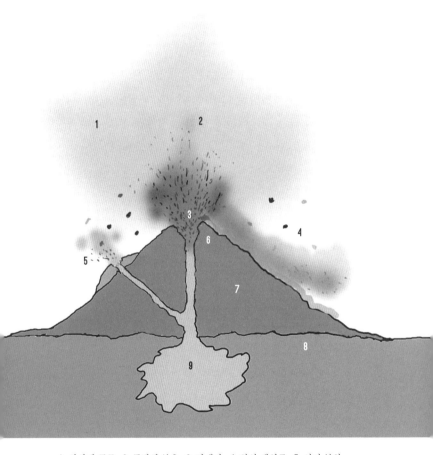

1 화산재 구름 2 폭발성 분출 3 칼데라 4 화산 쇄설류 5 사면 분화
6 화산의 목 7 분출된 용암으로 형성된 원뿔형 산 8 기반암 9 마그마류

암석 종류

지질학에서는 암석을 화성암, 퇴적암, 변성암의 세 가지 종류로 분류한다. 화성암은 높은 온도의 용암(마그마)이 지구 지각을 뚫고 나와 식어서 굳으며 형성된다. 용암이 지하 깊은 곳에서 천천히 식을 경우에는 커다란 결정체들이 그 안에서 생겨나면서 화강암처럼 결정이 큰 암석이 생성된다. 용암이 지표면에서 빠르게 식을 경우에는 현무암처럼 결정이 고운 암석이 된다.

퇴적암은 지표면 위에서 생성되는 암석으로, 암석 조각과 무기물, 동식물 물질 등의 퇴적물들이 층층이 쌓여 형성된다. 모래 입자들이 계속 쌓이면서 압력을 받아 생성되는 사암이 대표적인 예이다. 퇴적암은 지구 지각의 5퍼센트 정도만을 차지하고 있는 것으로 추정되며, 지구 지각에서 화성암과 변성암 위에 얇은 층을 형성하고 있다.

변성암은 원래 화성암이나 퇴적암이었던 암석이 지구 지각의 깊은 곳으로 밀려들어 가 높은 압력과 온도의 영향을 받아 밀도가 높아지고 구성이 변화된 암석이다.

1 마그마

2 분출된 화성암

3 화성암

4 표면으로 느린 융기

5 퇴적작용

6 압축 및 경화

7 퇴적암

8 높은 온도와 압력의 영향을 받는다.

9 변성암

10 용융

11 용융 지각과 맨틀에서 분출하는 용암

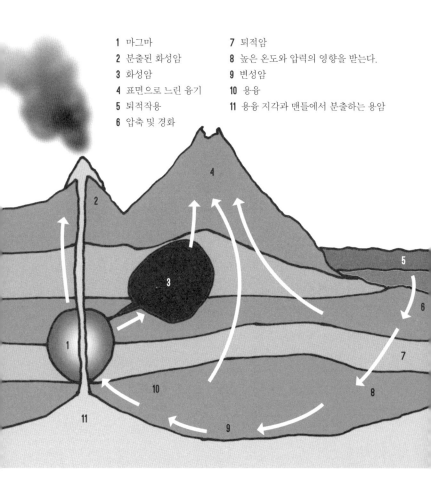

암석 순환

암석 순환은 암석이 움직이는 지구 위에서 침식과 지질 판의 움직임〔p.264〕 등의 현상에 의해 수백만 년에 걸쳐 계속 변화하는 자연적 재순환 과정을 의미한다. 암석 순환은 특히 지질 판들이 서로 만날 때 활발하게 발생한다.

암석 순환은 지표면 아래에 있는 마그마에서 시작되며, 용암은 식으면서 결정화되어 화성암을 형성한다. 이렇게 생성된 암석은 지각 속으로 밀려들어 가 다시 용융되는 '섭입' 과정을 거쳐 시작점인 마그마로 돌아간다. 또는 화성암이 지각 밑에 묻히면서 압력과 열을 받아 변성암을 형성하는 경우도 있다. 지표면에서는 암석이 마모되고 침식되어 조각과 알갱이가 되고, 이런 입자들이 강과 시내에 휩쓸려 호수와 바다로 옮겨 가면서 퇴적 과정을 거쳐 퇴적암이 된다.

대륙의 지각 재순환은 아주 느리게 진행된다. 지구의 현재 대륙지각의 나이는 대부분 20억 년 정도이다. 한편 가장 오래된 해양지각은 약 2억 년 전에 형성되었다.

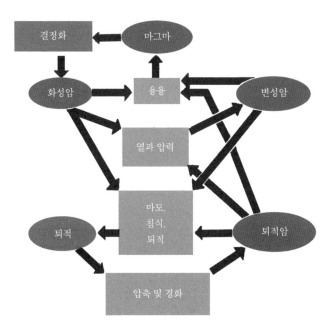

화석

화석은 동식물 및 다른 유기체의 잔해가 퇴적암 속에서
수만 년 동안 유지되면서 서서히 조직이 광물로 대체되어
형성된다.

죽은 후 바로 묻힌 동식물 잔해는 화석화를 통해 보존될
수 있다. 예를 들어, 죽은 물고기의 경우 부드러운 부분들은
썩어 없어지지만, 뼈가 진흙이나 모래 퇴적물 속에 묻히면
그 퇴적물들이 압축되어 암석이 된다. 그래서 물고기 뼈의
모양이 유지된다. 뼈가 점차 용해되는 과정에서 광물이
조금씩 그 틈을 메워 가며 뼈 구조를 대체하게 되는 것이다.
이런 상태로 수백만 년이 지나면 물고기 뼈의 '복제본'이
산이나 절벽의 융기와 침식에 의해 드러나게 된다.

유기체와 마찬가지로 화석도 미세한 단일 세포에서
거대한 공룡과 나무에 이르기까지 다양한 범위로 존재한다.
또한 초기 인간 조상의 발자국처럼 퇴적물에 남은 동물의
흔적도 화석으로 보존되는 경우가 있다. 가장 오래된 것으로
알려진 화석은 34억 년 이전에 존재했던 미생물 군집체가
화석화된 '스트로마톨라이트stromatolites'이다.

1 유기체가 퇴적작용이
발생하는 환경
(주로 물속)에서 죽는다

2 유기체의 부드러운 조직은
부패하지만, 단단한 부분이
분해되거나 파괴되기 전에 묻힌다.

3 단단한 부분이 퇴적물 속에
묻힌 후 오랜 기간에 걸쳐 압축되면서
광물에 의해 대체된다.

지형학

지질학에서 지형학은 지구 표면의 모습과 특징을
3차원으로 연구하고 지도로 만드는 학문이다. 지형학적
지도인 입체지도는 등고선을 사용해 지형의 높이를
기록하며, 각 등고선은 같은 높이의 지형을 따라 이어진다.
따라서 산맥들은 경사진 곳일수록 촘촘해지는 동심원 고리
모양의 등고선으로 표시된다.

지형과 지표면 특징에 대한 세부적인 정보는
토목공학이나 간척 사업 등의 주요 프로젝트들을 계획하고
수행할 때에도 반드시 필요하다. '사진 측량법'은 다른
각도에서 찍은 두 개 이상의 항공사진을 비교해 특정
지점의 3차원 좌표를 알아내는 전통적인 기술이다.

지구 표면의 정확한 입체지도를 그리는 디지털 자료는
지표면을 지도로 만드는 위성 레이더에서 전송된다.
해저지형은 선박들에서 초음파로 조사한 자료를 통해
측정된다. 항공 '라이다lidar' 체계는 반사된 가시적 레이저
광선을 측정함으로써 숲의 지붕인 임관이나 빙하의
세부적인 높이 등을 파악한다.

1 산의 실제 옆모습
2 동일한 높이 간격들을 표시한 '계단식' 옆모습
3 지형학적 등고선 지도
4 촘촘한 등고선은 가파른 경사를 의미한다.
5 넓은 간격의 등고선은 완만한 경사를 의미한다.

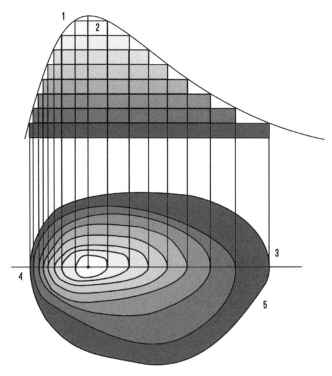

대륙

　대륙은 아시아, 아프리카, 북미, 남미, 남극, 유럽,
오스트레일리아로 이루어진, 지구상에서 가장 큰 일곱 개의
땅덩어리이다. 대륙은 지표면의 29퍼센트가 약간 넘는
부분을 차지한다. 대부분의 대륙들은 바다나 대양으로
분리되어 있으나, 유럽과 아시아는 예외이다. 이 두 대륙을
'유라시아'라는 단일 대륙으로 간주하기도 한다.

　지구 전체 지표면의 40퍼센트 정도는 농작물을 재배하고
가축을 방목하는 데 사용되며, 약 4분의 1은 산악 지대, 약
3분의 1은 숲이 차지한다. 열대기후 지역에서 대부분의 숲은
초목이 무성한 열대우림 지역으로 연평균 강수량이 1.8미터
이상이다. 사막은 건조한 지역으로 연 강수량이 25센티미터
이하이기 때문에 식물이 드물게 자라 거의 찾아보기 힘들다.
뜨거운 사막과 한랭 사막은 지표면의 5분의 1 정도를
차지한다. '온난' 지역들은 1년 내내 더운 열대 지역들과
극지방들 사이에 위치해 상대적으로 온화한 기후를 유지한다.
반면에 1년 내내 하층토가 얼어 있어 식물이 자라기 힘든
'툰드라' 지역은 빙하가 없는 높은 북쪽 위도에 있는 지역
대부분을 차지한다.

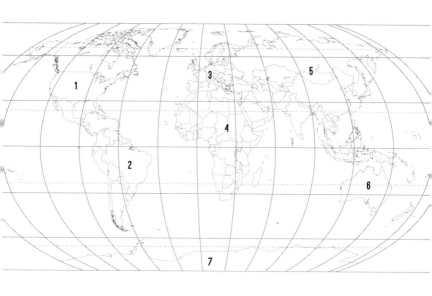

1 북미 2 남미 3 유럽 4 아프리카 5 아시아 6 오스트레일리아 7 남극

해양

해양(바다)은 지구 표면의 거의 71퍼센트를 차지하는 소금물로 된 거대한 수권水圈이다. 해양은 태평양, 대서양, 인도양, 남극해, 북극해의 5대양으로 분류된다.

모든 해양의 절반 정도는 영역별로 깊이가 3킬로미터 이상이다. 전반적으로 가장 깊은 지점은 필리핀의 태평양 남쪽에 있는 마리아나해구 안에 존재하며, 깊이가 약 11킬로미터에 달한다. 1960년에 해양 조사관 돈 월시Don Walsh와 자크 피카르Jacques Piccard가 작은 잠수정을 타고 마리아나해구의 바닥에 도달한 이래 이 지점까지 탐사한 사람은 영화감독 제임스 카메론이 유일하다. 그는 2012년 3월 26일 직접 제작한 1인용 잠수정을 타고 내려갔다.

해류는 열대 지역에서 극지방으로 열을 운반하는 거대한 컨테이너 벨트 같은 역할을 한다. 차갑고 깊은 해류는 올라와 태평양 중앙과 인도양에서 데워져 높은 위도의 지역으로 향한 후 다시 가라앉아 차가워진다. 미국 남부에서 유럽 북서쪽에 걸친 중요한 해류계가 멕시코만류와 북대서양해류와 통합됨에 따라 유럽 북서쪽의 기후가 상대적으로 온화하게 유지된다.

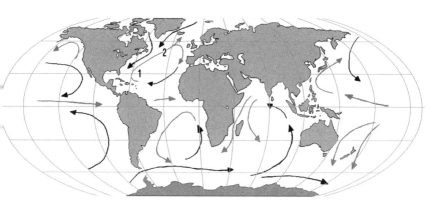

—— 차가운 해류(한류)	**1**	멕시코만류
—— 따뜻한 해류(난류)	**2**	북대서양해류

지표수

지구상 모든 물의 97퍼센트 정도는 바닷물이며, 담수는 2.5퍼센트 정도에 불과하다. 대부분의 담수는 극지방의 만년설 속에 있거나 지하수이다. 사실 강과 호수에 있는 담수는 우리가 일상생활에서 사용하는 대부분의 물의 근원이며, 이는 지구 전체 담수의 0.3퍼센트밖에 되지 않는다.

태양이 해양 내 물을 데우면 물이 증발해 수증기가 되어 위로 올라간다. 또한 이것이 응축되어 구름이 되고, 비와 눈 등의 강수가 되어 다시 아래로 떨어진다. 수천 년 동안 유지될 수 있는 만년설과 빙하 속의 얼음에는 지구 내 담수의 70퍼센트 정도가 들어 있다.

빗물은 땅에 떨어져 강으로 들어가고 강은 바다나 담수 호수들로 흘러 들어간다. 호수의 종류에는 여러 가지가 있는데, 물이 흐르는 힘으로 인해 강의 곡류가 점점 심해지다가 결국 강에서 떨어져 나와 형성되는 '우각호' 역시 호수에 포함된다. 미국과 캐나다 국경에 있는 슈피리어 호수Lake Superior는 82,400제곱킬로미터에 걸쳐 있어 가장 큰 담수 호수로 간주된다.

해양과 강, 대기, 만년설에 있는 모든 물을 모두 합치면 지름이 1,390킬로미터인 구체를 만들 수 있다. 이것은 지구 부피의 0.13퍼센트 정도에 해당된다. 아래 그림에서 이런 물로 된 구체 및 지구의 크기를 비교해 볼 수 있다.

대기화학 및 구조

대기는 지구 주변을 둘러싸고 있는 기체의 장막으로, 중력에 의해 위치가 유지되고 있다. 대기는 숨 쉴 수 있는 공기를 제공하고 지나친 일교차를 방지하는 등 지구를 생명체가 살기 적합한 상태로 만드는 중요한 역할을 한다.

대기는 주로 질소(78퍼센트)와 산소(21퍼센트)로 구성되어 있지만, 대기의 구성은 높이에 따라 변한다. 가장 낮은 층인 '대류권'은 대기의 밀도가 가장 높고 대기 질량의 80퍼센트 정도가 모여 있다. 그 위의 '성층권'에는 생명체에 해가 될 수 있는 태양자외선 대부분을 흡수하는 오존층(O_3)이 있다. 가장 바깥의 대기층은 대기 밀도가 낮은 '외기권'으로, 수소와 헬륨이 주요 구성원이다.

지구의 대기는 붉은 태양빛보다 파란 태양빛을 더 많이 반사해 파란 광자를 모든 방향으로 보내기 때문에 파란색으로 보인다. 일출과 일몰이 붉은색인 것은 태양이 수평선 위에 있기 때문에 대기를 통해 들어오는 태양빛의 이동 거리가 길어지면서 파란빛이 더 많이 제거되기 때문이다.

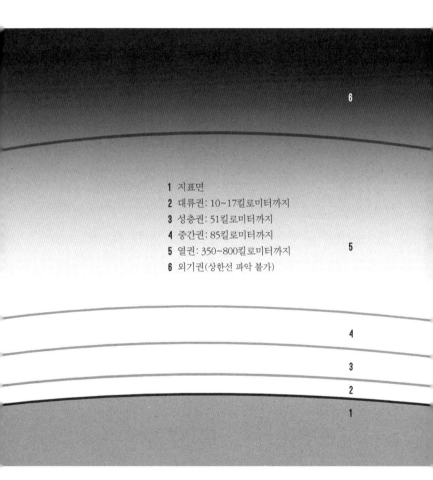

1 지표면
2 대류권: 10~17킬로미터까지
3 성층권: 51킬로미터까지
4 중간권: 85킬로미터까지
5 열권: 350~800킬로미터까지
6 외기권(상한선 파악 불가)

대기 순환

대기 순환은 지표면 전반에 걸쳐 열을 퍼뜨리는 대규모의 대기 움직임이다. 대기 순환은 1700년대 초 영국 변호사이자 과학자였던 조지 해들리George Hadley가 제시한 거대한 대류 순환인 '해들리 순환'에 의해 주로 이루어진다.

해들리 순환은 적도의 덥고 습한 대기가 상승하면서 극지 쪽으로 이동한 후 북위 및 남위 30도 정도 위치에서 하강하는 과정이다. 하강하는 대기 가운데 일부가 지표면을 가로질러 적도 쪽으로 다시 돌아가면서 발생한 '무역풍'은 지구 자전에 의해 서쪽으로 방향을 바꾸어 이동한다. '고위도 환류'는 북위 및 남위 60도 이상의 지역에서 발생하는 고위도 대류 순환이다.

'페렐 순환'은 19세기 미국 기상학자였던 윌리엄 페렐William Ferrel이 제시한 대기 순환 과정으로, 중위도 지역에서 발생한다. 고위도 환류와는 반대 방향으로 움직이며 지구 자전으로 인해 편서풍을 형성하는 대류 순환을 한다. 제트기류jet streams는 북반구의 '한대 제트기류'와 남반구의 '아열대 제트기류'로 나뉜다. 대기가 높은 고도에서 빠르게 움직이면서 대기 순환계 사이에 경계를 형성하고 동쪽을 향해 순환하는 현상이다.

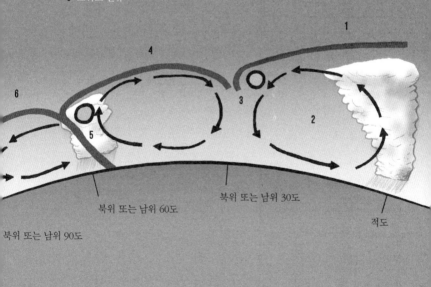

1 해들리 순환
2 따뜻한 대기가 상승하고 차가워진 대기가 하강함에 따라 대류 순환이 형성된다.
3 아열대 제트기류
4 페렐 순환
5 한대 제트기류
6 고위도 환류

북위 또는 남위 60도

북위 또는 남위 30도

적도

북위 또는 남위 90도

기상 전선

기상학에서 기상 전선이란 밀도, 온도, 습도를 기준으로 대기가 구분되는 경계이다. 기상 전선이 다가온다는 것은 날씨가 변하고 있다는 신호이다. 예를 들어 차가운 전선이 덥고 습한 전선 아래쪽으로 움직일 경우, 따뜻한 공기가 상승해 습기가 응축되면서 무거운 비구름이 형성될 수 있다.

차가운(한랭) 전선은 따뜻한(온난) 전선보다 빠르게 움직이며 훨씬 갑작스러운 날씨 변화를 동반한다. 이런 현상은 차가운 공기가 따뜻한 공기보다 밀도가 높아 따뜻한 공기를 빠르게 대체하기 때문에 일어난다. 기상도에서 한랭전선은 이동 방향을 향하는 파란색 삼각형들이 나열된 선으로 표시된다. 가벼운 강우는 온난전선이 다가온다는 것을 의미하는 경우가 많다. 온난전선은 기상도에서 붉은색 반원이 나열된 선으로 표시된다.

'폐색전선'은 한랭전선이 온난전선을 추월할 때 발생한다. '정체전선'은 두 전선이 서로를 대체하지 못하고 사실상 교착상태에 빠지는 것이다.

한랭전선 온난전선 정체전선 폐색전선

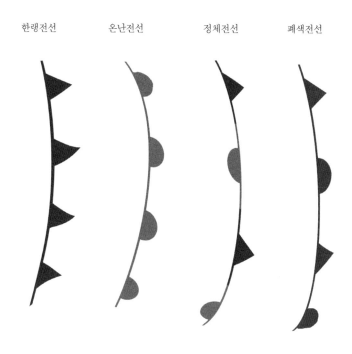

구름

구름은 대기 중에 떠 있는 물방울이나 얼음 결정으로 된 불투명한 덩어리로, 태양열로 지표면이 데워지면서 물이 증발함에 따라 형성된다. 지표면 위의 덥고 습한 공기가 상승하다가 높은 고도에서 수증기가 먼지 등의 미세 입자와 결합해 응축되면서, 온도가 충분히 낮을 경우 물방울이나 얼음 결정을 형성하게 된다. 이런 입자들이 너무 무거워져 대기 위에 떠 있기 어려운 상태에 도달하면 비나 눈의 형태인 강수(p.294)로 떨어진다.

쌘구름이라고도 하는 적운은 솜 같은 모양이 되기도 하는 밀도 높은 구름이다. 적운은 위쪽으로 확장되며, 뇌우를 동반하는 거대한 적란운이 되기도 한다. 권운은 강풍에 날려 긴 띠 모양으로 된 얇고 성긴 구름이다. 주로 맑은 날씨에 6킬로미터 이상의 고도에서 형성된다.

이름 앞에 '고alto-'가 붙는 구름은 중간 높이에 형성되는 종류이며, 층운은 대개 하늘 전체를 덮은 균일한 회색 구름이다. 날씨와 관련된 구름들은 모두 가장 낮은 지구 대기층인 대류권에서 생성된다.

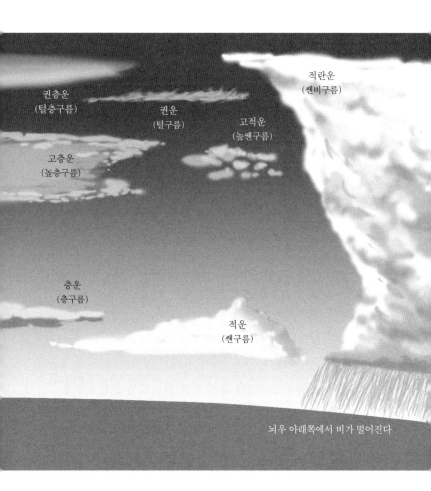

적란운
(쎈비구름)

권층운
(털층구름)

권운
(털구름)

고적운
(높쎈구름)

고층운
(높층구름)

층운
(층구름)

적운
(쎈구름)

뇌우 아래쪽에서 비가 떨어진다

강수와 안개

강수는 비와 눈, 진눈깨비, 우박 등 구름에서 떨어지는
모든 종류의 물을 지칭한다. 구름 속에서 난기류가 발생하면
작은 물방울이나 얼음 입자가 충돌해 합쳐지면서 크기가
커진다. 이런 입자들이 대기 중에 떠 있지 못할 정도로 커지면
땅에 떨어지게 된다(땅에 떨어지기 전에 증발해 버리는 가벼운 강우인
'미류운virga'은 제외).

빗방울은 지름 10밀리미터 정도까지 커질 수 있으며, 가장
큰 빗방울들은 다가오는 기류 때문에 납작한 모양을 형성한다.
눈송이는 지름이 수 센티미터에 이를 수 있다. 우박의 경우
구름 속에서 상승기류 안팎으로 움직여 상승 및 하강을
계속하면서 크기가 커진다. 지름이 20센티미터 이상으로 커질
수 있어 치명적인 부상을 야기할 수도 있다.

강수와 달리 안개는 물방울이나 얼음 입자 덩어리가
지표면에 가까운 대기 내에 정체되어 있는 것으로, 사실상
낮게 깔린 구름이라고도 할 수 있다. 안개에서 수분의 근원은
주로 근처에 있는 호수나 습지이다. '박무mist'는 가시거리가
1킬로미터 이상인 엷은 안개이다.

우박 형성 과정

1 빗방울이 온난 상승기류 속으로 흡수된다.
2 물이 이 지점에서 동결된다.
3 우박 덩어리들이 대류 순환에 따라 상승과 하강을 반복하며 크기가 커진다.
4 우박 덩어리의 크기가 구름 안에 머무를 수없을 정도로 커지면
   땅으로 떨어지면서 강한 한랭 하강기류가 형성된다.

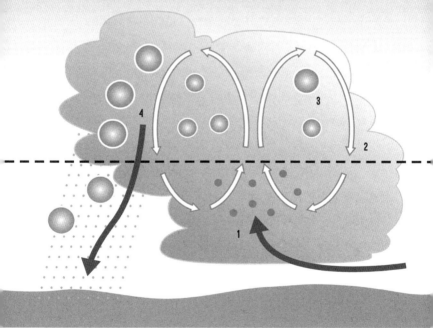

폭풍과 토네이도

폭풍은 악천후를 유발하는 대기 내 난기류를 통칭하는
말이다. 더운 공기가 상승하면서 고기압 영역으로 둘러싸인
저기압 중심이 형성되고, 이로 인해 강한 바람과 적란운 등의
먹구름이 생겨나면서 폭풍이 발생한다.

'뇌우'는 습도가 높은 온난 지역에서 발생한다. 덥고 습한
공기가 불안정해지면서 급격히 상승하고, 차가운 공기로 인해
강한 하강기류가 아래쪽에 형성된다. 하강하는 물방울과
얼음 입자들이 음전하를 띠고 상승하는 입자들이 양전하를
띠게 되면서 구름에서 '전하 분리' 현상이 발생해 번개가 치고
천둥이 울린다(p.298)

'열대 사이클론'은 위도가 낮은 지역에서 습한 공기가
상승해 응축되면서 열을 방출함에 따라 공기가 저기압
중심 주변을 순환할 때 발생한다. 대규모 열대 사이클론은
발생 위치에 따라 허리케인 또는 태풍이라고도 불린다.
'토네이도'는 깔때기 모양의 강력한 폭풍우로 잔해물을
흡입하며 한 시간 이상 지속될 수 있다. 토네이도가 자주
나타나는 미국 중부 지역은 '토네이도 앨리Tornado Alley'라고
불린다.

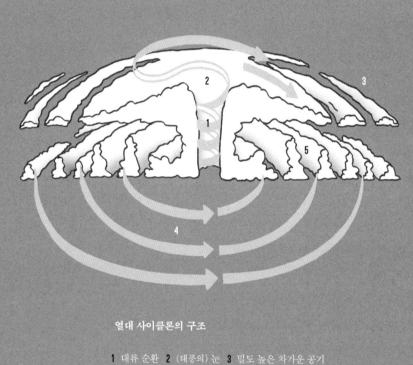

열대 사이클론의 구조

1 대류 순환 2 (태풍의) 눈 3 밀도 높은 차가운 공기
4 허리케인 바람과 비 5 덥고 습한 공기

번개

번개는 뇌우가 쏟아질 때 구름에서 전하 분리 현상이
일어나면서 발생한다. 뇌우가 생성되는 과정에서 빠르게
상승하는 더운 공기 안에 있는 물방울들의 전하가 하강하는
물방울과 얼음 입자들로 이전되면서, 구름 아래 부분이
음전하, 윗부분이 양전하를 띠게 된다. 이로 인해 발생한
전기장이 구름이나 땅으로 방출될 정도로 강력해질 때
번개가 치는 것이다.

구름에서 땅으로 치는 번개의 경우, 대부분 음전하인 방출
전하가 끝이 갈라진 형태로 지그재그로 땅을 향해 내려와
위로 올라가는 양전하의 '띠'와 연결되면서 발생한다. 이로
인해 공기에 치는 번개의 경로가 형성되면서 압력파, 즉
천둥이 발생된다.

대기에서 일어나는 번개 현상 가운데 높은 고도에서
발생하는 '스프라이트sprite'는 주로 붉은색 빛을 동반하며,
아래로 늘어지는 부분이 푸른색을 띨 때도 있다. 각
스프라이트의 지속 시간은 0.001초 미만이다. 지상 높이에서
빛을 내며 머무는 '구상 뇌방전balllighting'을 목격했다고 하는
사람들이 많지만, 이 현상의 원인은 아직 밝혀지지 않았다.

번개가 치기 직전, 음전하 입자들**(1)**은 구름 아랫부분에서 구불거리며 내려가고, 양전하 입자들**(2)**은 지상에서 구불거리며 위로 향한다.

구름에서 내려오는 음전하가 땅에서 올라오는 양전하와 만나게 되면, 연결된 경로**(3)**를 따라 전류가 흐르면서 번개가 친다.

기후

기후는 평균 온도, 습도, 바람, 연중 강수량 등의
요소들을 포함하는 지역별 평균 날씨 패턴을 의미한다.
이런 요소들에 영향을 주는 요인들로는 위도, 경도, 해양
대비 대륙 위치 등이 있다.

기후 분류 체계로는 독일 기후 학자였던 블라드미르
쾨펜Wladimir Köppen이 1884년, 발표한 '쾨펜 기후분류법'이
가장 폭넓게 사용된다. 이 분류법은 모든 지역들을 다섯
개의 주요 기후로 분류한다. 1년 내내 평균 해수면 온도가
섭씨 18도 이상일 경우 열대 지역에 해당되며, 강수량이
잠재적 증발량보다 적은 지역은 건조 지역이다.

계절별 평균 온도가 여름에는 섭씨 10도보다 높고
겨울에는 섭씨 영하 3도보다 높을 경우 온대기후로
분류되는 한편, 겨울에 가장 낮은 월평균 기온이 영하
3도보다 낮을 경우에는 대륙성기후에 해당된다. 극지방은
월평균 기온이 1년 내내 10도보다 낮다. 이런 광범위한
분류는 총 28개의 소분류로 나뉜다.

남아메리카 내 주요
쾨펜 기후 분류 지역

1 열대/고온
2 건조
3 온대
4 대륙성/저온
5 고산성/극지

기후변화

지구의 기후는 시간이 지나면서 여러 가지 요소들에 의해 변해 왔는데, 지구의 궤도 및 회전축 방향의 미세한 주기적 변화들도 이런 요소들에 포함된다. 지구 역사 대부분의 기간 동안 전 세계의 평균 온도는 오늘날보다 섭씨 5도 이상 높았고, 극지방에는 얼음이 없었다. 한편 다른 시기에는 전 세계가 빙하기〔p.304〕를 겪기도 했다.

기후변화는 근대에도 발생했다. 1500년대 중반에서 1800년대 중반 동안은 '소빙하기'로 불렸는데, 평균기온이 오늘날보다 약 섭씨 1도 더 낮았다. 화산 폭발 현상으로 발생한 대기 중 재로 인해 태양빛이 차단되면서 지구의 온도가 내려갔기 때문에 이런 소빙하기가 도래했다는 가설이 있다.

20세기 동안에는 평균기온이 섭씨 0.6~0.9도 상승했다. 과학자들은 대부분 화석연료를 연소하는 것 같은 인간의 활동이 이런 기온 상승의 원인이라고 주장한다. 화석연료 연소로 배출된 온실가스로 인해 원래는 우주로 반사되었어야 할 일부 태양에너지가 갇히기 때문이다. 21세기에도 온도가 몇 도 상승할 수 있는데, 이 경우 해수면이 심각한 수준으로 상승하고 가뭄과 태풍이 더 자주 발생할 수 있다.

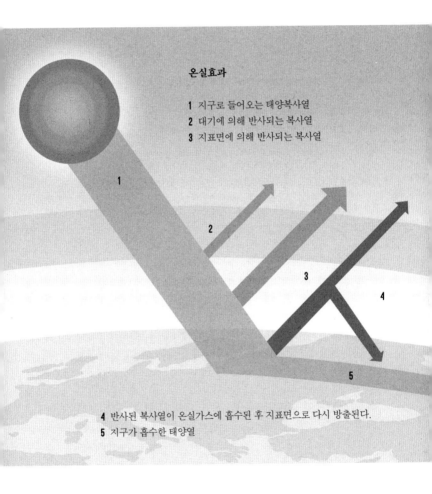

온실효과

1 지구로 들어오는 태양복사열
2 대기에 의해 반사되는 복사열
3 지표면에 의해 반사되는 복사열

4 반사된 복사열이 온실가스에 흡수된 후 지표면으로 다시 방출된다.
5 지구가 흡수한 태양열

빙하기

고대 역사에서는 지구 극지방에 얼음이 없는 시기가 있었으나, 빙하기 동안에는 추운 기후로 인해 거대한 규모의 빙하가 여러 대륙에 걸쳐 형성되었다. 이런 연속적인 기후변화가 일어난 자연적 원인들로는 지구의 회전축 각도의 미세한 변화와 대륙들의 움직임 등 여러 가지가 있다.

빙하에 깎인 계곡들과 함께 고대의 공기 방울은 빙하기에 대한 증거이다. 극지방 빙하의 중심에 보존된 공기 방울은 당시 온도를 가늠하는 척도가 된다. 화석 기록을 통해서도 다수의 유기체가 추운 기간에 상대적으로 따뜻한 지역들로 퍼져 나갔다는 것을 알 수 있다.

현재까지 적어도 다섯 번의 주요 빙하기가 있었다. 가장 초기이자 잘 알려진 빙하기는 21억~25억 년 전에 발생했으며, 6억 3,000년~8억 5,000년 전의 빙하기에는 빙하가 적도에 도달하는 '눈덩이 지구' 현상이 있었던 것으로 추정된다. 258만 년 전에는 '제4기 빙결'이 있었고, 온도가 특히나 낮았던 마지막 빙하기가 약 1만 년 전에 끝났다. 현재 지구는 '간빙기'로, 빙하기에서 상대적으로 따뜻한 기간에 있는 상태이다.

지구의 가장 최근 빙하기 동안 빙하들은 북미 북쪽 지역 대부분과 유럽,
아시아로 확장되었고, 남미의 안데스 산맥에서 뻗어 나가 북극 지역 전반에
더욱 두껍게 자리 잡았다.

기후 공학

기후 공학은 인간이 화석연료를 사용해 발생하는
지구온난화 현상을 완화하기 위해 제시된 기술이다. 화석연료
소비로 인해 매년 수십억 톤의 이산화탄소, 즉 온실가스가
배출되고 있기 때문이다.

일부 기후 공학은 대기에 있는 온실가스의 양을 직접적으로
줄일 것을 제안한다. 예를 들어 특정 산업 공정을 통해
온실가스를 모아서 액화시킨 후 지하에 주입하거나 해저로
흘려보내는 방법을 고려할 수 있다. 또한 해양에 철을 추가로
주입하는 방법도 있는데 철을 영양분으로 사용하면서
이산화탄소를 흡수하는 해양 식물성플랑크톤의 성장을
촉진시킬 수 있다는 생각에서 비롯되었다.

대기에 도달하는 태양에너지 양을 줄여 지구의 온도를
낮추는 접근법도 고려해 볼 수 있다. 우주선 위에 거울을 달아
태양빛을 반사시켜 보내거나, 우주선을 통해 빛을 차단하는
에어로졸 입자를 대기에 퍼뜨리는 방법 등이 있다. 이런
제안들은 모두 연구 초기 단계에 있기 때문에, 온난화에 대한
해결책으로 아직 증명되지 못한 상태이다. 또한 궁극적으로
이로운 결과보다 해로운 결과를 더 많이 가져올 수도 있다.

기후 공학 기술

1 구름 씨 뿌리기
2 궤도에 대형 반사판 설치
3 성층권에 에어로졸 분사
4 나무 심기

5 사막 녹지화
6 해양 비옥화를 위한 철 주입
7 바위 속으로 액화 이산화탄소 주입
8 심해로 액화 이산화탄소 주입

화석연료

석유, 석탄, 천연가스 등의 화석연료는 죽은 유기체와
부패한 식물 때문에 지하에 형성된 고에너지 연료이다.
사람들이 화석연료를 추출해 사용하는 양이 새롭게 생성되는
화석연료보다 훨씬 많기 때문에 화석연료는 비재생성
자원이다. 석유 매장량이 줄어들고 있는 상황에서 약 2050년
이후에는 석유 굴착을 경제적으로 지속하지 못할 수 있다.

화석연료는 바다와 호수에서 표류하던 동식물과 해조류
등의 유기체가 바닥으로 가라앉아 부패함에 따라 수백만
년에 걸쳐 서서히 생성된다. 이런 유기물이 진흙과 섞여
퇴적물 깊은 층으로 가라앉으면, 압력과 열로 인해 화학적
변화가 발생하면서 액체 및 기체형의 탄화수소 분자로
변환된다. 육지에서는 식물이 부패하면서 대부분 석탄과
메탄을 형성한다.

화석연료는 세계에서 가장 많이 사용되고 있는
에너지원이며, 화석연료 연소로 매년 수십억 톤의
이산화탄소가 대기로 배출된다. 이런 온실가스는
지구온난화의 원인이 되어 앞으로 심각한 기후변화(p.302)로
이어질 수 있다.

1 바다 또는 호수
2 플랑크톤이 풍부한 물
3 플랑크톤이 죽어 퇴적물 속으로 가라앉는다.
4 묻힌 유기물이 석유로 변화된다.

정유

    정유는 원유 속에 있는 수많은 서로 다른 탄화수소 분자들을 자동차 연료, 윤활유, 플라스틱 및 세제 재료 등 유용한 화학물질로 분리하는 과정이다.

    원유에 들어 있는 탄화수소 분자들은 질량이 다양한데, 끓는점이 서로 다르기 때문에 증류를 통해 '유분fraction'들로 나누어진다. 원유가 가열되면서 증발한 증기는 꼭대기로 갈수록 온도가 낮아지는 높은 냉각탑을 따라 상승한다. 원유는 분율에 따라 냉각탑 안에서 응축되는 높이가 서로 다르다. 상대적으로 가벼운 휘발유 등의 증류유는 꼭대기 근처에서 응축되고 도로나 지붕에 사용되는 아스팔트 원료인 '비투멘bitumen'은 아랫부분에 모이게 된다.

    석유 정제 시설에서는 또한 일부 긴 사슬구조의 무거운 증류유를 좀 더 가볍고 사슬 길이가 짧으며 수요가 더 많은 탄화수소들로 '분해'하는 작업도 한다. 열과 촉매를 사용해 부탄을 수소와 알켄으로 분해함으로써 폴리머〔p.130〕생산에 필요한 화학물인 알켄을 분리하는 공정을 예로 들 수 있다. 석유 정제 시설들은 하루에 원유 수천 배럴(1배럴은 약 159리터)까지 처리할 수 있다.

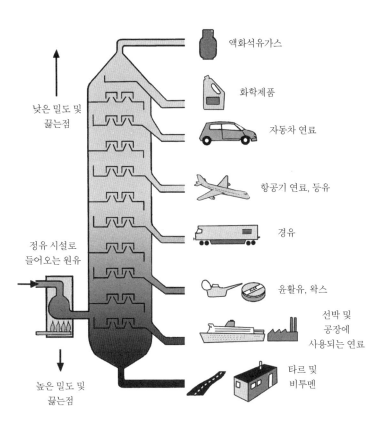

액화석유가스

화학제품

자동차 연료

항공기 연료, 등유

경유

윤활유, 왁스

선박 및 공장에 사용되는 연료

타르 및 비투멘

낮은 밀도 및 끓는점

정유 시설로 들어오는 원유

높은 밀도 및 끓는점

원자력

원자력은 통제된 핵분열반응을 통해 생성되는 에너지이다. 대부분의 원자로는 우라늄-235를 원료로 사용한다. 중성자가 우라늄 원자를 쪼개면 더 많은 중성자가 방출된다. 그래서 더 많은 우라늄이 분열하는 연쇄반응이 일어나 열이 생성된다. 이렇게 생긴 열이 흐르는 물과 만나 형성된 수증기가 터빈을 돌리면서 전력이 발생한다.

전 세계 전력의 약 14퍼센트가 원자력으로 생산되며, 소규모 원자로는 일부 잠수함 및 쇄빙선에 동력을 공급한다. 원자로에서 발생한 심각한 사고들도 있었다. 1986년 우크라이나에서 발생한 체르노빌 사태를 대표적인 예로 들 수 있다. 체르노빌 원전의 원자로가 파열돼 불이 붙으면서 방사성낙진이 광범위한 지역으로 누출된 사건이다. 현대의 원자로 설계상 이런 종류의 사고가 발생할 가능성은 낮지만, 핵분열 원자로에서 생긴 고위험 방사선 폐기물을 보관하는 문제는 여전히 논란이 되고 있다. 핵융합(p.98)을 사용하는 원자로는 폐기물의 위험도가 훨씬 낮지만 아직 실험 단계에 있다. 상업적인 핵융합 원자로는 약 섭씨 1억 도의 온도에서 운영될 수 있어야 한다.

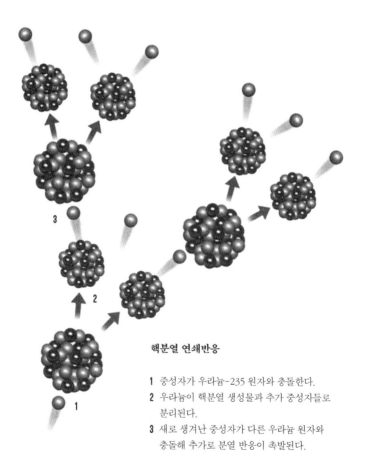

핵분열 연쇄반응

1 중성자가 우라늄-235 원자와 충돌한다.
2 우라늄이 핵분열 생성물과 추가 중성자들로
   분리된다.
3 새로 생겨난 중성자가 다른 우라늄 원자와
   충돌해 추가로 분열 반응이 촉발된다.

재생 가능 에너지

재생 가능 에너지는 수백만 년이 걸려야 생성되는
화석연료와는 반대로 끊임없이 보충되는 천연자원으로부터
생성된다. 화석연료로 야기되는 지구온난화나 높은 석유
가격 등의 이유로 재생 가능 에너지 수요가 증가하고 있다.
현재 재생 가능 에너지는 전 세계에서 사용되는 전력의 5분의
1 정도를 차지한다.

재생 가능 에너지의 종류로는 주로 개별 건물용인 태양
전지판을 통해 얻는 전력과 더불어, 자연적인 풍력 및 수력을
이용하는 발전소에서 생산하는 전력 등이 있다. 바이오
연료는 옥수수나 밀 같은 식물이나 식물성기름, 동물성
지방, 나무, 지푸라기 같은 유기물질에서 생산되는 연료이다.
미국의 경우 2022년까지 주로 에탄올과 바이오디젤 등의
바이오 연료를 연간 360억 갤런 생산하는 것을 계획 중이다.

아이슬란드는 모든 전력을 지열발전 등의 재생 가능
에너지원을 통해 생산한다. 발전소에서 차가운 물을 지하로
투입하면 지표면 가까이에 있는 고온의 마그마 때문에 물이
데워진다. 데워진 물이 수증기가 되어 지표면으로 다시
나오면서 터빈을 돌려 전력이 생산된다.

지열 발전소

1 차가운 물이 지하로 주입되면 높은 온도의 암석들로 인해 가열된다.
2 물이 수증기가 되어 지표면으로 다시 나온다.
3 지열 수증기로 터빈이 돌아간다.
4 전력망으로 전기가 공급된다.

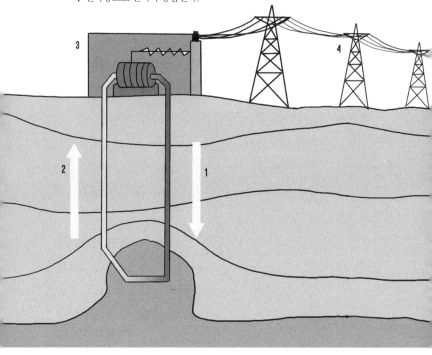

태양

태양은 우리가 속한 태양계의 중심에 있는 별이다. 지구로부터 약 1억 5,000만 킬로미터(8.3광년) 떨어진 곳에 위치하며, 지름은 139만 1,000킬로미터이다. 태양은 질량 기준으로 4분의 3 정도가 수소, 대략 4분의 1 정도가 헬륨이다. 그보다 무거운 원소들의 비율은 2퍼센트 미만이다.

태양은 중심부에 있는 수소의 핵융합을 통해 에너지를 생성한다. 태양열은 우리가 보는 햇빛의 근원인 '광구'로 이동한다. 광구 너머에서 엷은 '코로나corona'가 밖으로 뻗어 나가면서 끊임없이 우주 쪽으로 사그라지는 입자들의 흐름인 태양풍을 형성한다. 태양의 '흑점sunspot'은 태양 위에 일시적으로 존재하며 상대적으로 온도가 낮은 지점들이다. 흑점에서는 자기장이 발생해 태양 표면으로 열이 전달되는 것을 억제한다.

태양은 약 45억 7,000만 년 전에 가스 구름이 붕괴하면서 생겨났다. 지금부터 50억 년 정도 후에는 태양이 적색거성으로 확장되면서 태양의 외층이 수성과 금성을 집어삼키고 지구까지 위협할 수도 있다. 그리고 결국에는 다시 축소되면서 뜨거운 고밀도의 백색왜성이 될 것이다.

태양의 구조

1 중심부에서 핵융합을 통해 에너지가 생성된다.
2 복사층에서 복사 현상으로 에너지가 전달된다.
3 대류층에서 대류 현상으로 에너지가 전달된다.
4 광구에서 가스가 투명해진다.
5 극고온의 외층 대기(코로나)

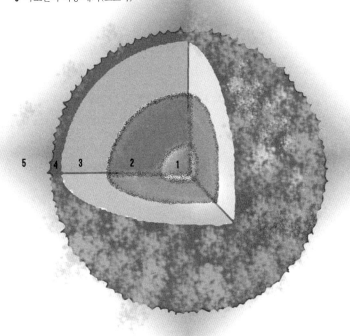

달

달은 지구의 유일한 자연 위성이다. 지구에서 평균적으로 38만 4,400킬로미터 떨어진 곳에 위치하는 한편, 이 거리는 달의 공전주기인 27.3일 동안 5퍼센트 정도의 오차가 있을 수 있다. 달의 질량은 지구의 약 80분의 1이다. 지구의 관점에서 달은 위상이 계속 변하는데, 이는 태양빛 반사로 인해 보이는 부분이 바뀌기 때문이다.

달이 지구의 위성이 된 것은 약 45억 3,000만 년 전으로 추정된다. 화성 크기의 천체가 초기 지구로 충돌하면서 고온의 잔해물이 지구궤도 내로 튀어나오고, 이 잔해물들이 서로 뭉치면서 달이 되어 온도가 점차 내려간 것이다. 오늘날의 달은 층을 이루는 내부 구조를 가지고 있으며, 중심부는 크기가 작고 일부분이 유동체일 것으로 추정된다.

시간이 지나면서 지구가 달에 작용하는 중력으로 인해 달이 '동주기 자전'을 하게 되면서 자전주기가 27.3일이 되어 적어도 달의 한 면이 지구를 계속 향하는 상태가 되었다. 달의 표면에는 혜성 및 소행성과 충돌할 때 생겨난 수백만 개의 크레이터가 산재해 있다. 이 가운데 5,000개 이상은 지름이 20킬로미터가 넘는다.

달의 위상

1 신월
2 초승달
3 상현달
4 차오르는 볼록이달

5 보름달
6 이지러지는 볼록이달
7 하현달
8 그믐달

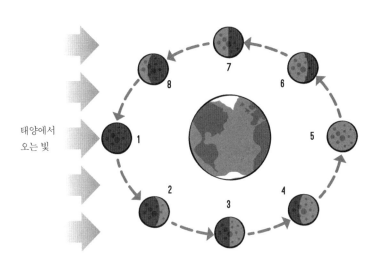

태양에서
오는 빛

식

식蝕은 한 천체가 다른 천체의 앞을 지나가면서 빛을 가로막을 때 발생하는 천문 현상이다. 대표적인 예가 지구의 관점에서 달과 태양이 일렬로 배치될 때 발생하는 '개기일식'이다. 개기일식이 일어나면 달이 태양빛을 가리면서 일시적으로 낮이 밤처럼 어두워진다.

지구와 달, 태양이 모두 일렬로 배치될 경우 개기일식이 1년에 두 번까지 발생할 수 있다. 그리고 이것을 지구 표면의 일부 지역에서 관찰할 수 있다. 지구에서 하늘을 보면 태양과 달의 크기가 동일하게 보이기 때문에, 달이 태양을 수 분 동안 가리게 될 수 있다. 달이 태양의 일부만을 가릴 경우에는 부분일식이 발생한다.

'개기월식'은 보름달이 지구의 그늘 속으로 이동하면서 태양빛을 직접적으로 받지 않게 될 때 발생한다. 이때 달은 어두운 붉은색으로 보인다. 이것은 부분적인 태양빛이 지구의 대기를 통과해 굴절되거나 구부러져서 달 표면에 도달하기 때문이다. '식'이라는 단어는 또한 훨씬 멀리 있는 천체들에도 적용될 수 있다. 예를 들어 별이 그 궤도를 도는 동반성의 빛을 일시적으로 가릴 수 있다.

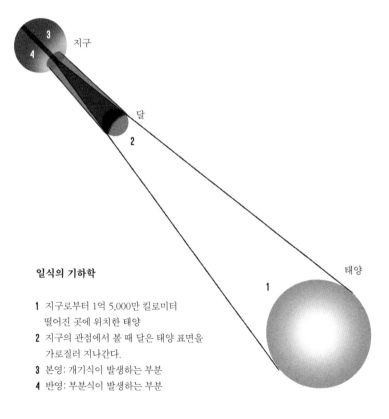

일식의 기하학

1 지구로부터 1억 5,000만 킬로미터
  떨어진 곳에 위치한 태양
2 지구의 관점에서 볼 때 달은 태양 표면을
  가로질러 지나간다.
3 본영: 개기식이 발생하는 부분
4 반영: 부분식이 발생하는 부분

행성

태양계에는 여덟 개의 행성이 있다. 이 가운데 수성, 금성, 지구, 화성은 지구형 행성이고 목성, 토성, 천왕성, 해왕성은 거대 행성이다. 태양계 행성들은 모두 약 45억 4,000만 년 전 태양 주변에 있는 물질들이 서로 뭉쳐져 가스나 먼지 고리를 형성하면서 생겨났다.

온도가 높은 태양계 안쪽에서 형성된 암석으로 이루어진 지구형 행성에서는 금속과 규산염 등 끓는점이 높은 화합물이 많이 생겨났다. 한편 '설선frost line' 너머의 거대 행성들에서는 불안정한 화합물질로 형성된 얼음들이 훨씬 더 큰 덩어리로 뭉치면서 무거운 대기가 조성되었다.

행성들의 궤도 거리는 천문단위(astronomical unit, AU)로 측정되며, 지구와 태양 사이의 거리는 1AU이다. 티티우스-보데 법칙(Titius-Bode, TB law)이라고 하는 단순한 수열 관계를 통해 행성궤도 거리를 예측할 수 있다. TB 법칙은 0에서 시작해 3, 6, 12처럼 두 배수 배열이 된 후, 각 수에 4를 더해 10으로 나눈다. 결과로 산출된 배열은 행성들의 궤도 거리와 거의 일치하는데(해왕성 제외), 이는 우연의 일치이다.

태양계 지도

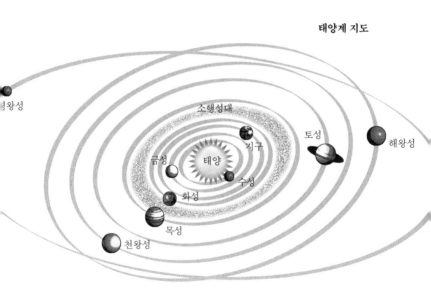

명왕성

수성

화성

금성

목성

천왕성

지구

태양

소행성대

토성

해왕성

지구형 행성: 수성에서 화성까지

수성은 태양에 가장 가까운 행성이다. 수성의 태양 공전주기는 88일이며, 자전 속도가 아주 느리기 때문에 수성에서 1일, 즉 수성에서 일출과 다음 일출 사이 걸리는 시간은 지구 시간으로 176일이다. 대기가 거의 존재하지 않는 수성의 온도는 긴 낮 동안에는 섭씨 450도까지 상승할 수 있으며, 밤에는 섭씨 영하 170도까지 내려간다.

두 번째 행성인 금성의 태양 공전주기는 지구 기준으로 약 225일이다. 크기는 지구와 비슷하지만, 지구의 '사악한 쌍둥이'라고 묘사될 때가 많다. 금성의 밀도 높고 무거운 대기는 표면 온도를 섭씨 460도까지 높이는 온실가스인 이산화탄소와 고밀도의 황산 구름으로 이루어져 있다.

지구는 태양의 세 번째 행성이며, 네 번째 행성인 화성의 태양 공전주기는 지구 기준으로 687일이다. 오늘날 화성의 평균 온도는 약 섭씨 영하 60도이며, 화성의 대기는 엷고 건조하다. 한편 화성 표면 아래에는 상당량의 얼음이 묻혀 있으며, 강바닥 등이 있었음을 암시하는 오래된 흔적이 있다. 한때 물과 바다, 강이 있을 정도로 온도가 높았던 적이 있었음을 화성의 표면을 통해 추정할 수 있다.

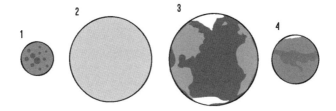

내행성(지구형 행성)

1 수성
지름: 4,878킬로미터
공전주기: 지구 기준으로 88일

2 금성
지름: 12,100킬로미터
공전주기: 지구 기준으로 225일

3 지구
지름: 12,700킬로미터
공전주기: 지구 기준으로 365.25일

4 화성
지름: 6,800킬로미터
공전주기: 지구 기준으로 687일

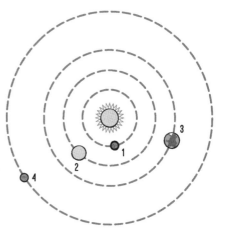

외행성: 목성에서 해왕성까지

태양계 바깥쪽에 있는 외행성 네 개는 모두 합쳤을 때 태양의 궤도를 도는 모든 물질의 거의 99퍼센트를 차지할 정도로 거대한 규모이다. 가장 큰 행성은 목성으로, 지구 지름의 열한 배 이상이다. 태양 공전주기가 지구 기준으로 11.9년인 목성은 특유의 다채로운 구름 띠와 더불어 최소 200년 동안 지속되고 있는 거대 태풍 지점인 '대적점Great Red Spot'으로 잘 알려진 행성이기도 하다. 목성에는 수많은 달이 있으며, 그 가운데 가니메데Ganymede는 태양계에서 가장 큰 달이다.

토성은 목성과 마찬가지로 주로 수소와 헬륨으로 구성된 거대한 가스 행성이다. 토성의 태양 공전주기는 지구 기준으로 29.5년이고, 행성들 가운데 가장 돋보이는 고리들을 가지고 있다. 토성의 고리는 얼음 조각으로 구성되어 있다.

토성 너머에 있는 천왕성과 해왕성은 태양 공전주기가 각각 지구 기준으로 84.3년과 164.8년이다. 이 두 행성은 다른 가스 행성들과 달리 물과 암모니아 등으로 된 얼음이 풍부하기 때문에 얼음 행성으로 분류되는 경우가 많다. 천왕성의 회전축은 신기할 정도로 경사가 심하기 때문에 지구와 비교하면 사실상 '옆으로 누워서' 회전하는 듯한 모습이다.

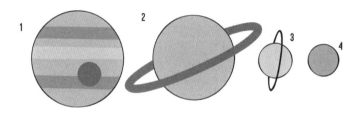

외행성

1 목성
지름: 143,000킬로미터
공전주기: 지구 기준으로 11.9년
2 토성
지름: 120,000킬로미터
공전주기: 지구 기준으로 29.5년
3 천왕성
지름: 51,118킬로미터
공전주기: 지구 기준으로 84년
4 해왕성
지름: 49,528킬로미터
공전주기: 지구 기준으로 164.8년

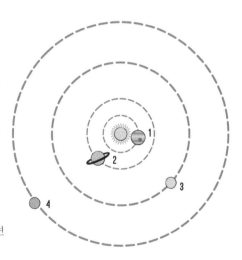

왜행성, 소행성, 혜성

　일반적으로 왜행성dwarf planet은 별의 궤도를 도는 2,000킬로미터 정도의 중간 크기 천체를 의미한다. 태양계 내에서 왜행성의 기준에 부합하는 천체는 다섯 개로, 이 가운데 명왕성은 과거 행성으로 분류되었으나 태양계 외부에 비슷한 규모의 천체들이 많다는 것이 밝혀지면서 행성에서 제외되었다. '왜행성'이라는 분류는 2006년 도입되었다.

　소행성은 왜행성보다 규모가 작다. 거친 암석 덩어리인 소행성은 주로 화성과 목성 사이에 있는 '소행성대asteroid belt'에서 궤도를 도는데, 일부는 가늘고 긴 궤도를 돌기도 하며 지구궤도를 가로지르는 소행성들도 있다. 천문학자들은 이런 소행성들이 향후 지구에 충돌해 대멸종〔p. 204〕 같은 사태를 야기할 가능성을 배제하지 않는다.

　혜성은 얼음을 함유한 천체들이 모여 있는 두 영역인 목성 너머의 '카이퍼 벨트Kuiper belt'와 더 멀리 존재하는 '오르트 구름Oort cloud'에서부터 태양 쪽으로 이동하는 먼지투성이의 커다란 눈덩이들이다. 혜성이 태양을 향해 접근하면서 온도가 올라가면 가스와 먼지로 구성된 흐릿한 대기를 방출하며, 이런 과정에서 긴 꼬리를 형성하기도 한다.

태양계 외부

1 태양 **2** 행성들의 궤도 **3** 카이퍼 벨트 **4** 내부 오르트 구름 **5** 외부 오르트 구름

태양권

태양권은 태양풍에 의해 우주에 만들어진 거대한 거품이다. 태양계 안의 모든 행성들을 둘러싸고 있는 태양권의 외곽 경계는 태양풍의 영향을 받아 약해지고 성간 공간이 시작되는 영역을 의미한다.

태양풍(p.316)은 시속 100만 킬로미터 이상의 초음속으로 모든 행성들을 지나쳐 가다가 성간가스의 저항에 직면하면서 속도가 느려진다. 태양풍의 속도가 음속보다 느려지는 지점을 '터미네이션 쇼크termination shock'라고 한다. 미국항공우주국NASA의 우주선인 보이저 1호와 보이저 2호는 천문단위로 각각 약 94AU 및 76AU씩 (지구-태양 거리는 1AU) 떨어져서 이 터미네이션 쇼크을 통과했다. 이 지점은 불규칙하게 생성되며 계속해서 이동한다.

'태양권의 경계' 너머에는 성간물질로 인해 태양풍이 멈추게 되는 이론적 경계가 존재한다. 보이저 1호는 2014년에 태양권 경계를 지나친 것으로 추정된다. 그리고 태양권 경계 너머에 '바우 쇼크bow shock'가 일어나는데, 이는 성간물질이 은하 주변을 도는 태양의 궤도 운동으로 인해 높은 속도로 태양계 외곽에 부딪혀 발생한다.

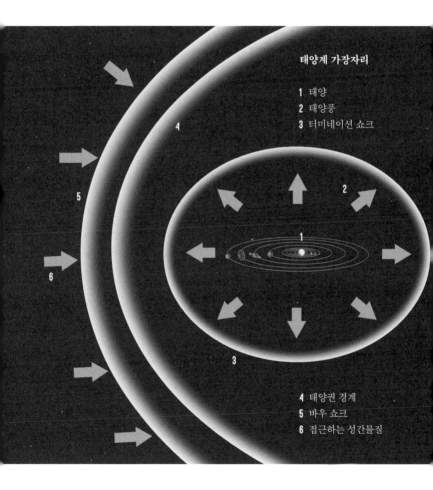

태양계 가장자리

1 태양
2 태양풍
3 터미네이션 쇼크

4 태양권 경계
5 바우 쇼크
6 접근하는 성간물질

별까지의 거리 측정

　독일 과학자인 프리드리히 베셀Friedrich Bessel은 1838년
'시차parallax'라는 기술을 사용해 최초로 지구와 별 간의 거리를
정확하게 측정했다. 밤하늘에 있는 주변 별의 위치는 눈으로
볼 때 6개월 간격으로 두 번에 걸쳐 약간 달라진다. 이것은
지구가 태양 궤도를 돌면서 약 3억 킬로미터를 이동하기
때문이다.

　베셀은 백조자리Cygni 61이라는 별의 각도 변화를 6개월에
걸쳐 측정해 삼각측량법으로 지구로부터의 거리(약 9.8광년)를
계산했다. 현대의 위성 측정법을 사용하면 이런 시차 방법을
통해 10만 개 이상의 별까지의 거리를 측정할 수 있다.

　한편 훨씬 멀리 떨어져 있는 별들의 경우 다른 방법으로
거리를 측정해야 한다. 일부 변광성들은 '표준 촛불standard candle'
역할을 한다. 즉 이런 별들의 밝기 변화 타이밍을 포착해 별
고유의 밝기를 알 수 있기 때문에, 눈에 보이는 밝기로 거리를
측정할 수 있다. 또한 멀리 떨어진 은하에서 오는 빛의 색깔을
확인하는 방법도 있다. 빅뱅 이후로 우주가 팽창해, 은하가
멀리 있을수록 그 은하에서 온 빛의 파장은 길어질 것이기
때문이다.

/ Measuring star distances

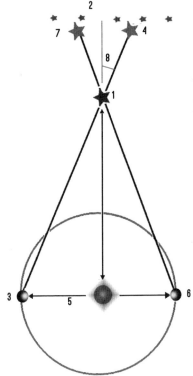

시차를 사용한 별까지의 거리 측정

1 태양계에 가까이 위치한 전경 별
2 멀리 떨어진 배경 별
3 처음 측정할 시점의 지구 위치
4 처음 측정할 때 눈에 보이는
   별의 위치
5 3억 킬로미터 떨어진 궤도의 반대쪽
6 6개월 후 두 번째 측정할 때의
   지구 위치
7 두 번째 측정할 때 눈에 보이는
   별 위치
8 '시차 각도'를 통해 전경 별의
   거리를 측정할 수 있다.

333

별의 진화

별의 진화는 시간이 지나면서 별이 변화하는 방식이다. 별은 가스 구름이 자체 중력으로 붕괴되면서 생성된다. 별의 운명에 가장 큰 영향을 미치는 요소는 질량이다. 질량이 클수록 별의 수명이 짧아지는데, 가장 거대한 질량을 가진 별들은 불과 수백만 년 동안 엄청난 에너지를 발산한 후 초신성 폭발(p.336)을 일으키며 생을 마감한다. 한편 가장 작은 행성들은 이론적으로 수천억 년 동안 빛을 발할 수 있다.

태양은 중간 크기의 별로, 수명은 약 100억 년 정도로 추정된다. 현재 태양은 '주계열'이라는 단계에서 수명의 절반 정도가 지난 상태이다. 주계열 단계에서 태양은 중심부에서 발생하는 수소 융합 과정을 통해 에너지를 생성한다.

천문학자들은 헤르츠스프룽-러셀도Hertzsprung – Russell diagram를 사용해 별의 진화의 주요 단계들을 표시한다. 별의 색깔을 규모와 광도(별의 밝기를 측정한 값)와 비교해 패턴을 파악하는 방식이다. 별에 따라 수명이 다했을 때의 상태가 다를 수 있다. 태양의 경우 밀도가 극도로 높은 작은 백색왜성이 된다. 그 후 대략 지구 정도 크기의 뜨거운 물질 상태를 거치고 점점 온도가 내려가면서 소멸할 것이다.

헤르츠스프룽-러셀도의 별 집단

1 중심부에서 수소를 연소하는 별들의 주요 배열 – 별의 질량에 따른 위치 차이
2 붉은색과 주황색 거대 별들은 수명이 거의 다한 상태의 팽창하는 밝은 별들이다.
3 대부분의 거대 별은 시간이 지날수록 초거성으로 팽창한다.
4 백색왜성은 태양과 같은 별이 다 타오르고 남은, 뜨거우면서도 희미한 핵이다.

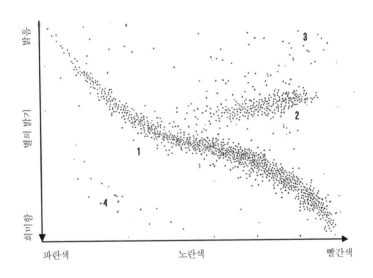

초신성

초신성이란 별이 폭발하면서 소멸할 때 발생하는 밝은 폭발이다. '중심 핵붕괴 초신성'은 규모가 태양의 여덟 배가 넘는 별이 죽어 가는 신호이다. 핵융합반응으로 인해 무거운 원소들이 별 중심부에 점점 축적된다. 이런 반응에 필요한 원료가 떨어지면 외부 압력이 줄어들면서 중심부가 갑자기 붕괴될 수 있다. 이 경우 블랙홀(p.346)이 형성되기도 한다. 이런 과정이 발생하면 외부로 향하는 충격파가 발생하면서 별의 대기가 완전히 폭발해 버린다.

비슷한 현상으로는 감마선이 강렬한 폭발을 일으키는 감마선 폭발이 있다. 1960년대 이래 위성을 통해 관측되고 있는 감마선 폭발은, 거대하고 빠르게 회전하는 별들이 붕괴해 블랙홀이 되려 하는 신호로 추정된다.

'Ia형 초신성'은 또 다른 종류의 주요 초신성이다. 작고 흰색의 밀도 높은 별이 동반성에서 물질을 흡수하거나 두 왜소 별이 합쳐지면서 규모가 커질 때 Ia형 초신성이 형성된다. 총 질량이 태양의 1.38배 정도에 도달한 별은 불안정해지면서 엄청난 에너지를 방출하며 붕괴된다.

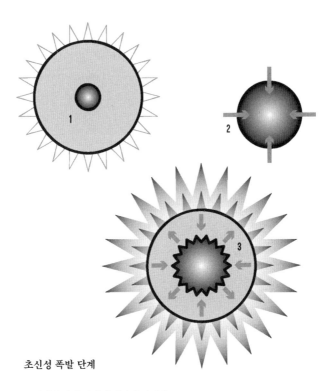

초신성 폭발 단계

1 거대한 별의 내부 층들이 축적된다.
2 핵융합 실패로 중심부가 안쪽을 향해 붕괴한다.
3 중심부로부터 튕겨 나오는 충격파로 별이 폭발한다.

외계 행성

외계 행성은 태양 너머에서 별의 궤도를 도는 천체이다. 1990년대 중반 이후로 우리가 속한 은하에서만 500개가 넘는 외계 행성들이 발견되었다. 우주 전반에 걸쳐 이런 행성들이 흔하다는 것을 암시한다.

이런 외계 행성들 대부분은 '시선 속도radial velocity' 기법을 통해 발견되었다. 도플러 효과(p.42)를 통해 보이지 않는 궤도를 도는 행성의 중력으로 별이 앞뒤로 움직이고 있는지 여부를 시험하는 것이다. 다른 별 탐색 방법으로는 별 앞을 어두운 행성이 지나갈 때 별의 빛이 미세하게 흐려지는 현상을 찾는 '통과transit' 방법이 있다. 소수의 외계 행성들의 경우에는 직접적으로 관측되기도 했다.

현재까지 발견된 다수의 외계 행성은 태양계의 행성들과는 매우 다르다. 이 중 일부는 불과 수일 내로 자체 별들을 지나쳐 가는 거대 행성들인 '뜨거운 목성형 행성'이다. 지구 크기의 몇 배나 되는 울퉁불퉁한 '초대형 지구'도 있다. 일부 외계 행성은 중성자별(p.348)의 궤도를 돌기도 한다. 결국 태양 같은 '보통' 별의 궤도를 돌고 생명이 거주할 가능성이 있는 지구와 비슷한 행성들을 찾는 것이 관건이다.

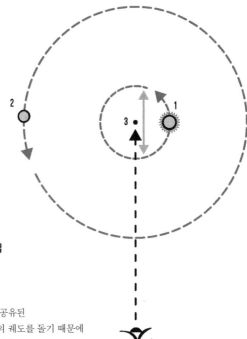

시선 속도 기법

1 별
2 행성
3 별과 행성이 공유된
  중력 중심부의 궤도를 돌기 때문에
  별이 '흔들린다.'
4 눈에 보이는 별의 위치 변화가
  미세해 지구에서 관측하는 것이 어렵지만,
  별빛의 도플러 이동을 통해 앞뒤로 흔들리는
  움직임을 측정할 수 있다.

우리 은하

우리 은하는 우리 태양계가 속한 은하를 말하며
은하수라고도 한다. 약 4,000만 개의 별들이 포함된 우리
은하는 거대한 '나선 은하'의 대표적인 예이다.

우리 은하에 속한 대부분의 별들은 두 개의 계란 프라이가
뒷면끼리 붙어 있는 모양의 구조 안에 존재한다. 계란 흰자
부분에 해당하는 거대한 디스크 부분의 넓이는 약 10만
광년이며, 노른자 부분에 해당하는 중심부의 불거진 별 집합
가운데에는 거대 질량 블랙홀이 존재한다. 디스크 부분에
있는 몇 개의 밝은 나선 팔들에서는 밀도 높은 가스로 인해
별이 활발하게 생성된다. 우리가 속한 태양계는 이 디스크
구역에 있으며, 우리 은하 중심에서 약 2만 6,000광년 떨어진
위치에서 중심부 궤도를 2억 3,000만 년에 한 바퀴씩 돈다.

우리 은하의 디스크는 거대한 공 모양의 '헤일로'로
둘러싸여 있으며 오래된 별들과 공 모양의 촘촘히 배열된 별
집합인 '구상성단'을 포함한다. 한편 우리 은하 전체는 보이지
않는 암흑 물질(p.360)로 된 거대한 구름 안에 쌓여 있다.
'은하Milky Way'라는 이름은 은하 디스크의 평면을 가로질러
보이는 하늘 위 별들의 촘촘한 띠를 뜻한다.

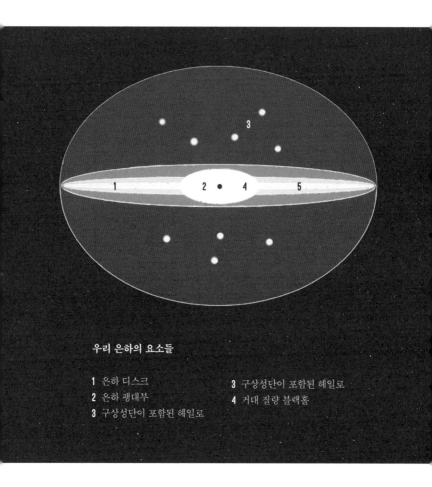

우리 은하의 요소들

1 은하 디스크
2 은하 팽대부
3 구상성단이 포함된 헤일로

3 구상성단이 포함된 헤일로
4 거대 질량 블랙홀

은하의 종류

은하는 수십억 또는 수천억 개의 별들이 서로에게 미치는 중력으로 인해 모여 있는 집단이다. 은하에는 또한 성간가스나 먼지와 더불어 엄청난 양의 암흑 물질[p.360]도 존재한다.

은하의 종류는 세 가지이다. 우리 은하 같은 나선형 은하들은 별들로 구성된 디스크에 별이 활발하게 생성되는 나선 팔들이 달려 있다. 가장 규모가 큰 은하들이 포함된 타원형 은하는 구체나 타원형 모양을 취한다. 나선형이나 타원형에 해당되지 않는 은하들은 '불규칙'형으로 구분된다.

은하 분류에 대한 허블의 '소리굽쇠' 도표

1 타원형 은하는 구형이나 편평도의 정도에 따라 E0에서 E7까지로 분류된다.

2 렌즈형 은하는 나선형 모양의 중심과 디스크가 있으나 나선 팔은 없다.

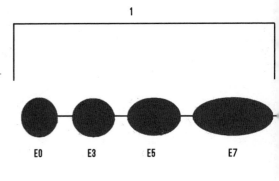

EO   E3   E5   E7

은하끼리 충돌하는 경우가 많이 있으며, 은하 안에서 가스와 먼지가 합쳐지면서 별이 활발하게 생성되는 새로운 '폭발적 별 생성 은하Starburst galaxy'가 생성되기도 한다. '활동 은하'(p. 344)는 엄청난 양의 방사선을 방출한다. 하지만 대부분의 은하들은 행성 수십억 개 미만을 가진 왜소 은하들이다. 은하들은 상호간 중력으로 묶인 성단에서 서로 배회하지만, 성단들이 모여 수억 광년 규모에 달하는 '초은하단supercluster'을 이루기도 한다.

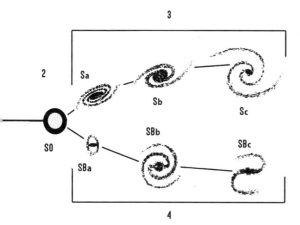

3 일반적인 나선형 은하는 나선 팔의 고정도에 따라 Sa에서 Sc까지로 분류된다.
4 막대 나선형 은하는 SBa에서 SBc까지로 분류되며, 중심부에 촘촘한 별들로 된 밝은 직선 막대가 있다.

활동 은하

활동 은하는 엄청난 양의 방사선을 방출하는 밝은 중심부가 자체 은하에서 어떤 별보다 밝게 빛나는 은하이다. 따라서 아주 먼 거리에서도 활동 은하를 볼 수 있는데, 그 빛이 지구로 이동하기까지 130억 년 이상 걸리는 경우도 있다.

활동 은하는 중심에 거대 질량 블랙홀이 있어서 별들과 성간가스가 나선형 소용돌이를 그리며 블랙홀을 향해 이동하는 것으로 추정되고 있다. 안쪽으로 소용돌이치는 디스크 부분의 온도가 아주 높기 때문에 극도로 밀도가 높은 방사선을 방출한다. 또한 이 디스크에 수직으로 두 개의 입자 방출구가 형성되면서 우주에서 수천 광년 거리에 걸쳐 입자들을 방출한다.

활동 은하는 다른 패턴으로 빛을 방출하는 퀘이사quasars, 시퍼트은하Seyfert galaxy, 블레이자blazars와 더불어 개별 범주로 분류된다. 그러나 천문학자들은 이런 은하들이 다른 관점에서 볼 때 모두 비슷하다고 주장한다. 예를 들어 블레이자는 입자 방출구들 가운데 하나가 직접적으로 지구를 향하고 있는 활동 은하의 부분집합으로 간주할 수 있다.

1 활동 은하 전체
2 중심부의 블랙홀이 물질을 흡수한다.
3 블랙홀 주변의 고온 물질의 응축 디스크가
  퀘이사를 형성한다.
4 퀘이사 위아래로 물질이 방출된다.
5 방출되는 고에너지 입자들이 밝은 방사선을
  방출한다.

블랙홀

블랙홀은 우주에 있는 어두운 빈 공간으로, 빛을 포함한 어떤 물질도 블랙홀을 피해 갈 수 없다. 블랙홀은 초대형 별이 수명이 다하면서 초신성 폭발(p.336)을 일으킬 때 형성된다. 이때 남겨지는 중심부의 밀도가 극도로 높아 자체 무게를 버티지 못하고 중심부가 붕괴된다. 그것이 엄청난 중력을 가진 고밀도의 미세한 지점이 되면서 블랙홀이 생겨난다.

이론적으로 블랙홀에는 '사건의 지평선Event Horizon'이라는 경계가 있다. 물질이 이 지점을 지나면 다시 돌아올 수 없다. 고정된 블랙홀의 사건의 지평선은 질량에 비례한다. 태양 질량 열 배인 블랙홀의 사건의 지평선은 약 60킬로미터이다.

질량이 무려 태양의 수조 배에 이르는 블랙홀들도 있으나, 이런 블랙홀들의 생성 원리는 아직 규명되지 않았다. 작은 블랙홀들이 많이 모여 뭉쳐진 것일 수도 있다. 블랙홀은 빛을 발산하지 않기 때문에 눈에 보이지 않지만, 천문학자들은 블랙홀이 주변 별에 미치는 중력과 빨려 들어가는 가스나 먼지에서 방출되는 방사선을 감지함으로써 블랙홀의 존재를 파악할 수 있다.

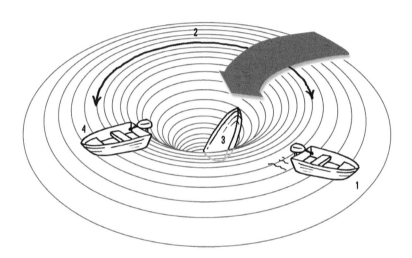

블랙홀을 가까이 지나가는 빛은 소용돌이 근처를 지나가는 보트와 비슷하게 안쪽으로 끌어당기는 힘을 받게 된다.

1 빛이 블랙홀의 중력에 영향을 받지 않을 만큼 빠르게 이동해 지나간다.
2 사건의 지평선
3 사건의 지평선 안쪽은 중력이 아주 강해서 빛이 빠져나올 수 없다.
4 사건의 지평선의 가장자리에서는 빛이 '정지 상태'가 된다.

중성자별과 펄서

중성자별은 극도로 밀도가 높아진 붕괴된 별로, 중심부가 붕괴되는 초신성 폭발[p.336]의 산물로 생겨나기도 한다. 붕괴되는 중심부 규모가 태양의 1.5배~3배일 경우 중성자별이 생성되며, 이보다 큰 규모일 때는 붕괴되면서 블랙홀[p.346]이 된다.

중성자별은 규모가 큰 별이 붕괴할 때 자체 중력으로 일반 물질이 압력을 받아 단단한 철 핵 표면으로 둘러싸인 고밀도 중성자 혼합액 상태가 되면서 형성된다. 대부분의 중성자별의 크기는 10~20킬로미터 정도이며, 회전속도가 아주 빨라 수천분의 1초에 한 번 회전하는 경우도 있다. 중성자별 중심부에서 물질 한 스푼의 질량은 수억 톤에 이를 수 있다. 또한 중성자별은 아주 강한 자기장을 가지고 있기 때문에 입자들이 밝은 방사선을 방출하는 좁은 양극 광선으로 가속화된다.

펄서pulsars라고 하는 중성자별들은 독특한 성향 때문에 발견하기가 더 쉽다. 펄서는 정렬을 하고 회전하면서 특유의 밝은 방사선 광선을 지구 쪽으로 방출하기 때문에, 망원경을 통해 펄서에서 발생하는 주기적 파동을 감지할 수 있다.

펄서의 구조

1 중성자별 주변에 형성되는 강력한 자기장
2 자기장으로 인해 별에서 방사선이 좁은 광선 형태가 된다.
3 회전축
4 펄서의 빠른 회전속도로 인해 방사선 광선이 우주로 방출된다.

웜홀

웜홀은 시공간을 연결하는 특이한 가상적 통로로, 웜홀을 통해 물질이 한 장소에서 다른 장소로 빛보다 빠른 속도로 이동할 수 있다. 실제로 웜홀이 존재한다는 관찰 증거가 발견되지는 않고 있지만, 아인슈타인의 일반상대성이론(p.18)에 따르면 웜홀이 존재할 가능성을 배제할 수는 없다.

웜홀은 블랙홀(p.346)과 가상적인 '화이트홀white hole'을 연결하는 것으로 추정된다. 화이트홀은 블랙홀과 반대로 물질이 나올 수만 있고 들어갈 수는 없는 공간이다. 블랙홀로 들어간 물질은 우주 어딘가의 다른 장소나 아예 완전히 다른 또 하나의 우주에서 튀어나올 수도 있다.

통과할 수 있는 웜홀은 두 면이 서로 닿지 않게 반으로 구부려진 종이 한 장으로 상상할 수 있다. 여기서 웜홀은 종이의 구부려진 면을 따라 있는 '일반적 공간'보다 짧은 경로로 두 면을 연결하는 통로 역할을 한다. 한편 실제로 웜홀이 자연적으로 존재할 가능성은 아주 낮다고 할 수 있다.

웜홀의 구조

1 시공간의 근처 지역
2 일반적인 공간을 통한 이동 경로
3 블랙홀
4 웜홀
5 가상적인 '화이트홀'
6 시공간의 멀리 떨어진 지역

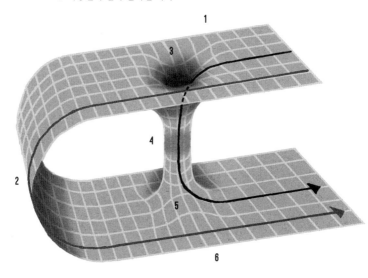

빅뱅

빅뱅은 138억 년 전에 발생한 거대한 폭발이자 우주의
근원이다. 1920년대에 천문학자들이 우주의 팽창으로 은하가
빠른 속도로 서로 멀어지고 있는 것을 발견함에 따라 빅뱅
이론에 대한 신빙성이 커지게 되었다. 이것은 먼 과거에 모든
물질이 훨씬 더 가까이 모여 있었으며 초기 우주가 극도의
고밀도 상태였음을 시사한다.

현대의 이론들에 따르면 빅뱅 후 극히 짧은 순간 동안
우주가 급격히 팽창하는 '우주 인플레이션cosmic inflation'이
발생했다. 이후 고밀도와 고온의 우주가 점점 식으면서 팽창
속도가 느려지고 양성자와 중성자 같은 입자들이 생겨났다.
이어 원자핵과 중성원자들이 약 40만 년에 걸쳐 형성되었다.
우주에서 밀도가 가장 높은 지역들이 결국 중력으로
붕괴하면서 별들로 구성된 은하들이 생성되었다.

초기 우주에 대한 대부분의 정보는 우주배경복사(p.354)에서
시작된다. 그러나 처음에 빅뱅이 어떻게 생겨나게 된 것인지는
아직 분명히 밝혀지지 않았다.

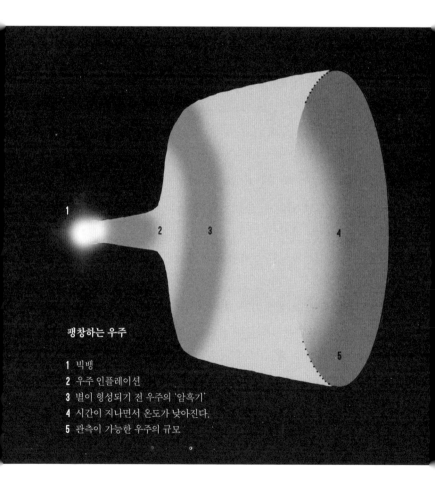

팽창하는 우주

1 빅뱅
2 우주 인플레이션
3 별이 형성되기 전 우주의 '암흑기'
4 시간이 지나면서 온도가 낮아진다.
5 관측이 가능한 우주의 규모

우주배경복사

우주배경복사는 빅뱅(p.352)이 발생한 후 생겨난 잔광으로, 오늘날 우주 모든 곳에 존재하며 초기 우주 상태를 결정하는 중요한 요소가 되었다.

빅뱅으로 인해 엄청난 밀도를 가지고 팽창하는 불덩이가 생겨나면서, 사실상 광자가 그 안에 갇히게 되었다. 그러나 40만 년 전 우주에서는 이 불덩이의 온도가 내려가면서 중성원자들이 생겨났다. 이 과정에서 갑자기 이 불덩이에서 온도가 약 섭씨 3,000도인 붉은빛의 열이 우주 전역으로 자유롭게 흘러 나갔다. 이후 우주의 팽창과 함께 이런 보이지 않는 복사가 전파되어 오늘날 우리의 눈에도 보이게 되었다.

우주배경복사는 마치 모든 은하 뒤에 발라진 우주 벽지처럼 우주 전체에 퍼져 있다. 위성으로 측정한 바에 따르면 우주배경복사에 은은한 '파문,' 즉 미세한 파동 변화가 발생한다. 이것은 초기 우주의 물질들이 울퉁불퉁했기 때문이다. 이런 파동 변화들은 우주의 나이, 팽창률, 구성 등에 대한 엄청나게 다양한 정보를 담고 있다.

미국항공우주국의 윌킨슨 마이크로파 비등방성 탐색기(Wilson Microwave
Anisotropy Probe, WMAP)가 보내온 전체 우주 지도에서는 우주배경복사의
온도가 미세하게 변한 기록들이 드러났다. 지도상 어두운 부분은 초기 우주에서
상대적으로 밀도가 낮은 지역들을 의미하며, 밝은 부분은 처음 생겨난 은하들의
기초가 된 밀도가 높은 부분들이다.

우주

우주는 존재하는 모든 공간과 물질, 에너지 전체를
의미한다. 우주는 빅뱅(p.352)으로 생겨났으며, 이후 우주에서
은하들이 형성되면서 거대한 우주 구조의 요소들이 서로
연결되었다.

우주 전체의 무려 68.3퍼센트는 정체를 알 수 없는 암흑
에너지(p.362)로, 26.8퍼센트는 아직 밝혀지지 않은 암흑
물질(p.360)로 되어 있다. 별이나 행성, 인간 등에서 발견되는
일반 물질이 차지하는 비중은 4.9퍼센트에 불과하다.

관측 결과에 따르면 우주의 너비는 최소 1,500억 광년이다.
과학자들은 우주에 한계가 있다고 해도 모서리는 없을 것으로
추정한다. 우주의 끝이 서로 맞닿아 있기 때문에 로켓이
직선으로 계속 나아가다 보면 결국 출발한 자리로 되돌아가게
된다는 것이다. 일부 가설들은 우주가 끝없이 반복되는
형태들(12면체 등) 가운데 하나를 취한다고 주장한다.

또는 우주가 무한할 수 있으며, 이 경우 우주가 언제나
무한한 상태였고 빅뱅도 무한한 공간에서 발생한 것이라는
주장도 있다.

유한한 우주는 마치 거울의 방 같은 모양일 수 있어서, 직선 방향으로
계속 이동하는 로켓이 같은 장소를 계속 지나갈 수 있다. 예를 들어 로켓이
'12면체' 우주의 한 면(1)으로 나가면 그 반대쪽 면(2)으로 다시 들어올 수 있다.

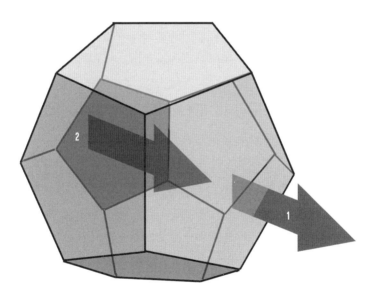

중력 렌즈

중력 렌즈는 전경에 있는 물체의 중력이 구부러지면서 그 뒤에 있는 물체의 빛을 확대할 때 발생하며, 아인슈타인의 일반상대성이론〔p.18〕에 부합하는 현상이기도 하다.

한 은하단의 거대한 중력이 그 뒤에 있는 은하의 빛을 확대할 경우에는 극적인 중력 렌즈 현상이 발생하게 된다. 천문학자들은 '확대 렌즈'를 사용해 지구에 빛이 도달하는 데 130억 광년 이상이 걸릴 정도로 멀리 떨어진 은하들을 찾아낼 수 있다. 가끔 은하가 은하단 뒤에 일직선으로 정렬되면서 중력 렌즈 효과로 아인슈타인 링Einstein ring이라고 하는 고리 형상이 생길 때도 있다.

좀 더 소규모로 발생하는 비슷한 현상인 미세 중력 렌즈는 새로운 외계 행성〔p.338〕을 발견하는 계기가 되기도 한다. 한 별이 다른 별 앞을 지나갈 때, 전경 별로 인한 배경 별 왜곡 효과가 일어나 전경 별이 궤도를 도는 행성을 가지고 있는 것처럼 보이는 현상이다. 이런 효과를 통해 천문학자들은 보이지 않는 별의 궤도를 도는 보이지 않는 행성을 찾아낼 수 있다. 이런 방법은 중력 렌즈 현상을 일으키는 전경의 별이 잘 보이지 않는 상태에서도 사용할 수 있다.

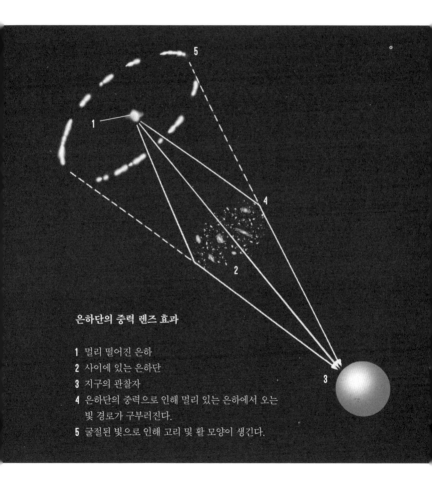

은하단의 중력 렌즈 효과

1 멀리 떨어진 은하
2 사이에 있는 은하단
3 지구의 관찰자
4 은하단의 중력으로 인해 멀리 있는 은하에서 오는
  빛 경로가 구부러진다.
5 굴절된 빛으로 인해 고리 및 활 모양이 생긴다.

암흑 물질

암흑 물질은 우주에서 모든 물질의 약 85퍼센트를 차지하는 보이지 않는 불가사의한 물질이다. 과학자들은 암흑 물질이 눈에 보이는 별들과 은하에 강력한 중력을 행사해 이들의 움직임에 영향을 미치기 때문에 그 존재를 안다.

1930년대 이래, 다수의 은하에 있는 별들의 움직임이 매우 빠름에도 은하가 산산이 흩어지지 않는 것은 보이지 않는 어두운 물질의 중력으로 서로 묶여 있기 때문이라는 증거들이 나오기 시작했다. 별이나 행성, 인간이 가진 일반적인 원자들과는 달리 암흑 물질은 눈으로 볼 수 없으며 빛을 발산하거나 반사하지 않는다. 암흑 물질은 '약하게 상호작용하는 무거운 입자들'(Weakly Interacting Massive Particles, WIMPS)로 구성되어 있고, 이런 윔프WIMP들이 은하 내외에서 거대한 공 모양으로 합쳐져 있는 것으로 추정된다.

이런 수수께끼에 대한 또 다른 해석인 '수정된 뉴턴 역학'은 중력의 세기가 대규모로 변한다는 가정 아래, 별과 은하의 움직임을 설명하는 데 암흑 물질이 필요하지 않다고 주장한다. 그러나 모든 천문학적 관측 현상들을 모두 만족시키는 수정된 뉴턴 역학 이론은 아직 없다.

밝은 별들로 구성된 은하**(1)**가 거대한 공 모양의
보이지 않는 암흑 물질**(2)** 안에 존재한다.
암흑 물질에 대해서는 아직 과학적으로 규명되지 않은 상태이다.

암흑 에너지

암흑 에너지는 아직 정체가 규명되지 않은 힘으로, 우주의
팽창을 가속시키는 역할을 하는 것으로 추정된다. 측정
기록들에 따르면 암흑 에너지는 우주 전체 에너지 밀도의
68.3퍼센트를 차지하는 우주의 주요 구성원이다.

우주는 빅뱅〔p.352〕 이후 계속 팽창했다. 1990년대 중반까지
천문학자들은 모든 물질들에 있는 끌어당기는 중력 때문에
저항이 발생해 우주의 팽창 속도가 점점 느려지고 있다고
추정했다. 그 이후 먼 거리에 있는 Ia형 초신성〔p.336〕에 대한
연구들에서 초신성들의 빛이 예상보다 약하고, 그 이유가
우주의 팽창이 가속화되었기 때문임이 드러났다.

우주의 '암흑 에너지' 때문에 은하들이 서로 점점
멀어지고 있는 것이다. 암흑 에너지는 우주에 '탄력성'을
부여하는 '우주 상수'에서 나온 것일 수 있다. 또는 마이너스
중력질량을 가진 것처럼 작용해 척력을 야기하는 특이한
'정수'가 우주를 채우고 있을 수 있다는 주장도 있다.

미국항공우주국과 유럽 항공 우주국은 암흑 에너지를 더
심도 깊게 조사하려는 계획을 가지고 있다.

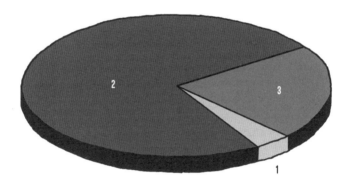

우주의 구성 요소

1 성간물질, 은하 속 물질을 포함하는 정상 물질: 4.9퍼센트
2 암흑 에너지: 68.3퍼센트
3 암흑 물질: 26.8퍼센트

로켓 공학

　로켓 공학은 위성 발사와 행성 탐사선, 우주 비행사들의 달 착륙 등 우주 시대의 모든 업적들을 가능하게 만든 기술이다. 로켓의 작동 원리는 뉴턴의 제3운동법칙〔p.10〕에 나오는 작용-반작용의 법칙을 기반으로 한다. 추진체를 뒤쪽으로 극도로 빠르게 발사함으로써 앞으로 나가는 추진력을 얻는 방식이다. 대부분의 로켓은 이를 위해 액체나 고체 연료를 사용한다.

　제2차 세계대전 및 냉전으로 인해 군사용 로켓 개발이 활발하게 이루어짐에 따라 우주 개발 경쟁이 이어졌다. 탄도미사일로 개발된 독일의 V-2 로켓은 탄도비행의 형태로 우주에 도달한 최초의 물체로 여겨지고 있다. 구소련은 1957년에 최초의 위성인 스푸트니크Sputnik 1호를 발사했다. 한편 인간의 우주 비행은 1961년에 시작되었다.

　로켓이 지구의 중력에서 벗어나 우주에 진입하기 위해서는 소위 '이탈속도'라는 특정 속도에 도달해야 한다. 지구 지표면에서 출발할 때 필요한 이탈속도는 약 초속 11.2킬로미터로, 제트기 최고 속도의 열 배 정도이다.

발사체가 지구의 중력을 벗어나기 위해 필요한 이탈속도

1 중력을 벗어나지 못하는 속도
2 궤도에 들어설 수 있을 정도의 속도
3 중력을 완전히 벗어날 수 있는 속도

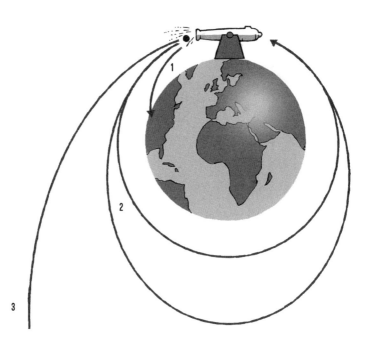

위성

    인공위성은 지구궤도를 도는 우주선 또는 다른 행성이나 달 궤도를 도는 탐사선을 의미한다. 오늘날 900개가 넘는 지구 인공위성이 통신이나 탐사, 일기 예보 등의 목적으로 운영되고 있다.

    인공위성은 고정된 속도로 궤도에 자리를 잡는다. 속도가 너무 빠르면 지구의 중력을 벗어나 버리게 되고, 너무 느릴 경우에는 지구로 다시 떨어지게 된다. 군사용 목적의 정찰위성 다수는 지표면을 자세히 볼 수 있도록 낮은 지구궤도 내에 배치된다.

    통신용 인공위성 대부분은 지구 적도 위에서 약 35,786킬로미터에 걸친 '정지궤도 고리'를 돈다. 이 고도에서는 궤도 한 바퀴를 도는 데 24시간이 걸린다. 지구가 자전함에 따라 인공위성은 지상의 고정 위치를 맴돌면서 고정된 통신 회선을 유지한다.

    오늘날 우리의 머리 위를 맴도는 기계들은 무려 5,000톤 규모에 달한다. 그러나 이 가운데 대부분은 폐기된 로켓 조각 등의 쓸모없는 '우주 폐품'이다. 이런 물체들에 인공위성들이 충돌해 타격을 받을 우려가 있는 상태이다.

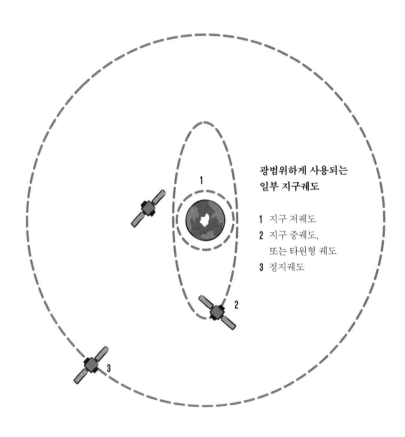

**광범위하게 사용되는
일부 지구궤도**

1 지구 저궤도

2 지구 중궤도,
또는 타원형 궤도

3 정지궤도

행성 탐사선

    행성 사이의 우주선 임무는 구소련이 탐사선 루나
2호를 달에 성공적으로 충돌시킨 1959년부터 본격적으로
시작되었다. 구소련의 베네라 7호는 1970년 금성에
착륙한 후 다른 행성에서 데이터를 송신해 보낸 최초의
탐사선이었다. 미국항공우주국의 마리너 9호는 1971년
화성 궤도에 진입함에 따라 다른 행성의 궤도를 돈 최초의
우주선이 되었다.

    로봇을 통해 외계 샘플들을 모아 지구로 가져온 임무들도
있었다. 1970년에서 1976년 사이에 구소련은 달의 토양
표본을 지구로 가지고 오는 세 번의 임무를 수행했다. 또한
2006년 혜성에서 먼지 표본을 가져온 미국항공우주국의
스타더스트 프로젝트와, 2010년 소행성 샘플을 가져온
일본의 하야부사 미션도 이런 표본 확보 노력의 일환이다.

    20세기 후반에 시도된 화성 관련 탐사 임무는 대부분
실패했지만, 지난 10년간 성공률이 눈에 띄게 올랐다.
미국항공우주국의 스피릿과 오퍼튜니티는 6년이 넘는 기간
동안 화성을 탐사했다. 이 탐사선들은 예상보다 20배 이상
오래 작동했다.

NASA 카시니 임무의 비행경로

1 1997년 10월에 카시니 발사
2 지구 **3** 금성 **4** 목성 **5** 토성
6 2004년 7월에 토성 도착

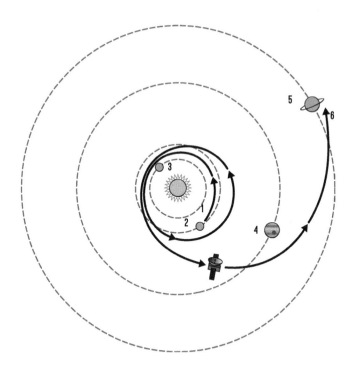

인간의 우주 비행

　인간의 우주 비행은 1961년 4월에 시작되었다. 구소련의
보스토크 1호 우주선에 유리 가가린Yuri Gagarin이 탑승해
108분 동안 지구의 궤도를 돈 것이 최초의 시도였다.
그다음 달에는 앨런 셰퍼드Alan Shepard가 미국 최초로 우주를
비행했다. 이어 미국항공우주국이 실시한 아폴로 계획에서
1969년 인류 최초의 달 착륙이 이루어졌다. 1969년에서
1972년 사이 총 열두 명의 사람들이 달 위를 걸었다.
구소련은 1986년에서 2001년까지 우주정거장들의 궤도를
돌고 '미르 우주정거장'을 운영하는 상당한 성과를 거뒀다.
당시 우주 비행사들은 미르 우주정거장에서 1년 가까이 혹은
그 이상 머물기도 했다.
　미국항공우주국의 '우주왕복선'은 비행사를 태우고
무려 130번 이상 우주 비행을 했다. 원래 재사용이 가능한
셔틀이 다섯 개 있었지만, 1986년과 2003년 두 차례에 걸쳐
소실되었고 그 사고로 우주 비행사 열네 명이 목숨을 잃었다.
중국은 2003년에 독자적으로 우주 비행사들을 우주로 보낸
세 번째 국가가 되었으며, 현재는 다수의 국가들이 국제
우주정거장 프로젝트에 공조하고 있다.

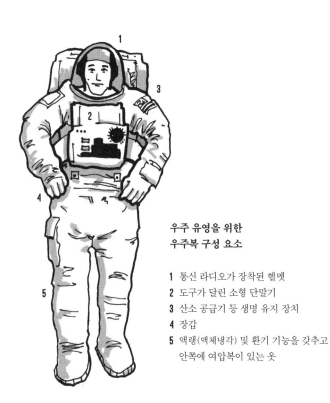

**우주 유영을 위한
우주복 구성 요소**

1 통신 라디오가 장착된 헬멧
2 도구가 달린 소형 단말기
3 산소 공급기 등 생명 유지 장치
4 장갑
5 액랭(액체냉각) 및 환기 기능을 갖추고
　안쪽에 여압복이 있는 옷

아날로그 및 디지털컴퓨터

아날로그컴퓨터는 전류의 강도나 문자판의 기계적 회전 등 끊임없이 변하는 요소들이 사용되는 옛날식 컴퓨터이다. 현대의 컴퓨터는 디지털 기술에 기반을 두고 있으며, 모든 정보가 비트와 바이트, 1과 0의 2진법 행렬들로 표시된다. 이 기술에서 가장 기본이 되는 것은 온/오프 및 참/거짓이다.

아날로그컴퓨터의 역사를 거슬러 올라가면 가장 잘 알려진 예시는 기원전 150~100년에 사용되던 그리스 안티키테라 기계Antikythera mechanism로, 천문학적 위치를 계산하기 위해 고안되었다. 1900년대 중반에는 과학자들이 계산을 수행할 수 있는 전자회로를 갖춘 아날로그컴퓨터를 개발했다. 이런 컴퓨터들은 1960년대까지도 사용되었다. 미국항공우주국의 달 착륙을 위한 아폴로 우주선 계획에 필요한 계산들의 대부분을 수행하기도 했다.

초기 디지털컴퓨터는 규모가 큰 '열전자관(이후 트랜지스터로 발전)'을 사용해 전류를 전환시켜 계산을 수행했다. 마이크로칩(p.374)의 개발로 컴퓨터 기술이 혁명적으로 발전하면서 소형의 강력한 데스크톱컴퓨터가 등장하게 되었다.

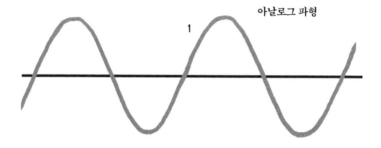

아날로그 파형

1

1 계속 변화하는 값
2 정보가 계단식으로 양자화된다.
3 2진법 데이터는 0과 1만을 사용한다.

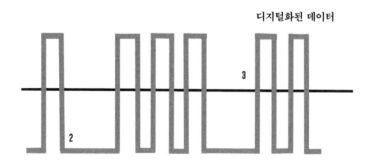

디지털화된 데이터

3

2

마이크로칩

집적회로라고도 하는 마이크로칩은 반도체 기판 위에 있는 미세한 전자회로이다. 1958년, 미국 텍사스 인스트루먼트의 연구원이었던 잭 킬비Jack Kilby가 마이크로칩을 최초로 발명했다. 이제 마이크로칩은 컴퓨터, 휴대전화, 위성 내비게이션 시스템 등 다양한 전자 기기들에 광범위하게 사용되고 있다.

디지털컴퓨터는 2진법인 0과 1로 표시되는 온/오프 상태 사이를 전환할 수 있는 트랜지스터를 사용해 계산을 수행한다. 마이크로칩은 여기에 필요한 전자회로를 소형화한다. 이런 회로가 한 번에 한 트랜지스터씩 만들어지는 것이 아니라 '포토리소그래피photolithography'를 통해 반도체 기판(p.128) 위에 '인쇄'되는 방식이기 때문에, 저렴한 비용으로 생산될 수 있다. '포토레지스트photo-resist' 코팅이 반도체 기판에 적용되고 자외선으로 회로 패턴이 부식된다. 다음으로 또 한 번의 부식 과정을 거쳐 전도성 빔 노정metal paths이 만들어진다.

현대의 집적회로는 5밀리미터 두께 위에 머리카락 두께보다 훨씬 미세한 트랜지스터가 수백만 개 존재한다. 이 트랜지스터들은 초당 수십억 번씩 온/오프로 변환할 수 있다.

마이크로칩의 구조

완전한 마이크로칩 '패키지'는 집적회로의 복잡한 전자 기술을
해당 기기의 다른 요소들과 호환시킨다.

1 마이크로칩에 달린 핀들이 인쇄회로 기판으로 삽입된다.
2 알루미늄, 구리 또는 금으로 된 미세한 '본드 와이어'
3 집적회로
4 절연된 기판 표면

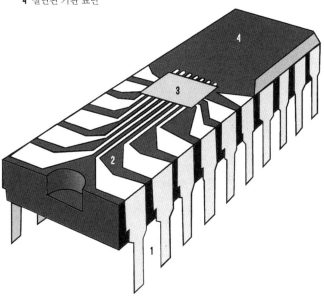

컴퓨터 알고리즘

컴퓨터 알고리즘은 문제를 해결하기 위해 만들어진 일련의
지시사항들이다. 컴퓨터가 직원들의 월급을 계산하는 방법과
이에 대한 결과를 표시하는 방법 등을 구체적으로 지시하는
알고리즘을 예로 들 수 있다. 실제 컴퓨터 알고리즘은 대부분
아주 복잡하지만, 단순한 예시로 일광 감지 가로등이 밤에
켜지도록 하는 단계를 다음과 같이 설명할 수 있다.

(1) 날이 어두운가? '예'라면 (2)로,
    '아니오'라면 (3)으로 가시오.
(2) 불을 켜시오. (3)으로 가시오.
(3) 끝

'유전 알고리즘'은 자연선택(p.192)을 모방한 과정으로
발전한 알고리즘이다. 특정 과제를 수행하기 위해 알고리즘은
테스트를 거쳐 성공 여부를 평가한 뒤, 속성들을 서로
혼합함으로써 다른 알고리즘들과 '교배'된다. 가장 성공적인
'자손' 알고리즘들이 교배되고, 이런 과정이 컴퓨터가 해당
과제에 가장 적합한 알고리즘을 '진화'시킬 때까지 반복된다.

유전 알고리즘의 구조

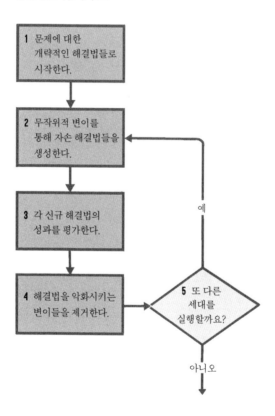

신경망

컴퓨터 과학 부문에서 신경망이란 생물학적 신경계가 정보를 처리하는 방법에서 착안한 정보처리 개념이다. 신경망에서 다수의 정보처리 요소들은 마치 생물학적 신경세포들처럼 서로 연결되어 있으며, 특정 문제를 해결하기 위해 공조한다.

기존 컴퓨터들은 문제 해결을 위해 알고리즘(p. 376)을 사용하지만, 이 경우 우리가 이미 해결법을 알고 있는 문제들에 대한 컴퓨터들의 역량이 제한된다. 신경망은 분석되는 정보들의 '전문가'와도 같으며, 다량의 데이터 속에서 패턴을 찾아내는 데 강하다. 예를 들어 신경망은 데이터베이스에 있는 할리우드 영화 수천 편의 특징들을 극장표 매출액과 비교해 실패작과 성공작을 결정하는 요소들을 집어낼 수 있다.

신경망을 적용할 수 있는 또 다른 예로 안면 인식 소프트웨어를 들 수 있다. 컴퓨터는 이미지를 분석하고 눈매 등 특징들을 비교해 특정 얼굴을 인식하도록 설정할 수 있는 한편, 신경망은 데이터베이스에 있는 이미지들과 특정 얼굴을 매치하는 데 가장 유용한 특징들이 무엇일지를 학습할 수 있다.

단순 신경망은 서로 연결된 수많은 정보처리 단위인 '시냅스synapse'들로 구성되며, 각 시냅스는 가중치라고 하는 변수들을 저장한다. 입력 시냅스에 인식된 데이터는 하나 이상의 '은닉' 층으로 전달되고, 이 은닉 층의 가중치는 학습 알고리즘을 사용해 계산된다. 이어 은닉 층의 계산 결과는 출력 시냅스에 의해 합성된다.

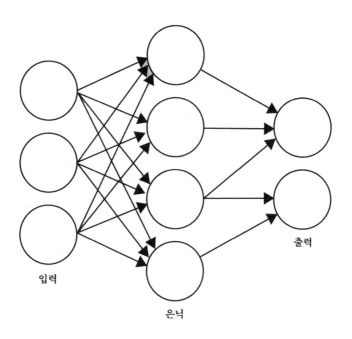

양자 컴퓨터

양자 컴퓨터는 양자역학(p.66)을 사용해 기존의 컴퓨터를 능가하는 역량을 가지게 될 것으로 기대되는 컴퓨터이다. 양자 컴퓨터 개발은 아직 연구 초기 단계에 있다.

기존의 컴퓨터들은 0과 1의 2진법으로 데이터를 저장한다. 양자 컴퓨터도 정보를 0과 1로 저장하지만, '양자 중첩'의 형태로 0과 1 양쪽 값을 모두 가진다. 이런 양자 비트 또는 '큐비트' 체계를 사용하면 계산 속도가 훨씬 빨라진다. 기존 컴퓨터의 비트는 한 번에 0에서 7 사이의 숫자를 표시할 수 있는 한편, 양자 컴퓨터의 큐비트는 세 개가 0에서 7까지 모든 숫자를 동시에 표시할 수 있다. 다시 말해, 양자 컴퓨터를 사용하면 다수의 계산들을 동시에 수행할 수 있으며 오늘날의 슈퍼컴퓨터를 사용하면 수백만 년이 걸릴 문제도 해결할 수 있다.

실험 단계의 양자 컴퓨터들은 큐비트 몇 개만을 사용해 5 곱하기 3 같은 단순 계산들을 수행해 냈다. 양자 컴퓨터 제작에는 큐비트를 서로 연결시키기 위한 양자 얽힘(p.74) 등 복잡하고 섬세한 과정들이 포함되기 때문에, 실제로 양자 컴퓨터가 현실화될 것인지 여부는 분명하지 않다.

물리학자들이 양자 '큐비트'의 1과 0을 중첩하는 모형을 만든 방법 중 하나는, 이를 구체 위에 있는 위도로 간주한 것이다. 북극(1)은 1의 값, 남극(2)은 0의 값에 해당한다. 1과 0이 섞인 중첩 상태는 이 중간에 있는 위도들(3)로 간주될 수 있다. 이런 측정 과정을 통해 큐비트를 기존의 1과 0의 값으로 구분할 수 있으며, 각 값은 큐비트 위도의 반대쪽 표면(4)을 통해 주어질 수 있다.

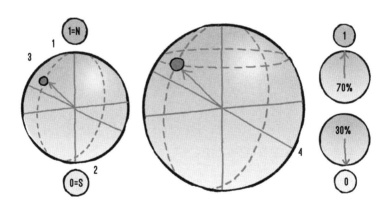

튜링 테스트

튜링 테스트는 기계의 지식 입증 능력을 측정하기 위한 것이다. 영국 수학자이자 컴퓨터의 선구자이며 제2차 세계대전 당시 암호 해독가였던 앨런 튜링Alan Turing은 1950년대에 이 테스트를 발표했다. 기본적으로 튜링 테스트는 컴퓨터가 인간으로 간주될 만한 반응을 보일 경우 인간의 지능에 도달한 것으로 간주하는 것이다.

튜링은 스크린 뒤에서 실험 참가자가 매니저와 같이 앉아 실시하는 실험을 제안했다. 보이지 않는 스크린 너머에서 또 다른 참가자가 심판으로서 질문을 하는 설정이다. 참가자 1과 컴퓨터가 동시에 문자 메시지로 질문에 답변을 하면, 매니저가 두 응답 중 질문자에게 전달할 응답을 무작위로 선택해 보낸다. 질문자가 인간 응답자와 컴퓨터 응답자를 구분하지 못할 경우, 이 컴퓨터는 인간의 지능을 가진 것으로 간주된다.

튜링은 기계가 언젠가 이 테스트를 통과할 것으로 예측했다. 그러나 다양한 상업성 문자와 전자우편 프로그램들이 사람들에게 인간과 소통했다는 착각을 주고 있음에도, 아직까지 철저한 튜링 테스트를 통과한 컴퓨터는 없었다.

튜링 테스트를 위한 실험 조건

1 인간 질문자
2 응답 표시 단말기
3 가림 막
4 인간 응답자
5 컴퓨터
6 실험 매니저가 인간 또는 컴퓨터의 응답을 무작위로 이어 전달한다.

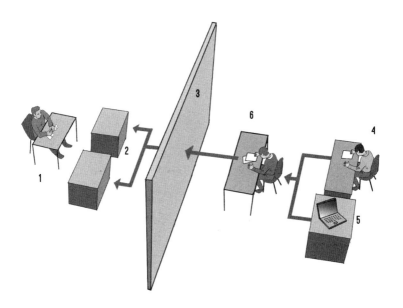

하드 드라이브

컴퓨터 안에 있는 하드디스크와 서버는 디지털 정보를 거의 영구적인 형태로 보관함으로써 컴퓨터가 꺼져 있더라도 데이터를 '기억'할 수 있도록 한다. 하드 드라이브는 데이터를 자기적으로 보관하는 '플래터platter'라는 몇 개의 고체 디스크와, 정보를 기록하고 회수하는 판독/기록 헤드로 구성된다.

이런 기술은 1950년대에 발명되었고, 이후 '하드디스크'로 명명됨으로써 데이터를 유연 플라스틱 필름에 저장하는 플로피디스크와 구분되었다. 하드디스크에 있는 플래터들은 대부분 알루미늄이나 유리 위에 자성 기록 물질이 코팅된 형태로 되어 있다. 또한 정보를 쉽게 지우고 다시 쓸 수 있으며 오랫동안 보관이 가능하다.

하드 드라이브가 작동되는 동안 플래터들은 대개 분당 7,200번의 회전을 한다. 판독/기록 헤드를 받치는 '암arm'은 중앙 허브와 디스크 모서리 사이를 초당 50번까지 왕복 이동할 수 있다. 오늘날 일부 데스크톱컴퓨터들의 하드디스크 메모리 용량은 1.5테라바이트(1.5조 바이트) 이상이다.

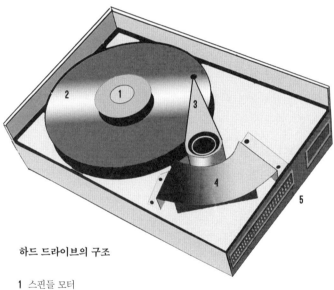

하드 드라이브의 구조

1 스핀들 모터
2 플래터
3 이동식 판독/기록 헤드
4 컨트롤러 전자 장치
5 케이스 및 접속기

플래시메모리

플래시메모리는 하드디스크(p.384)와 마찬가지로 디지털 정보를 보관하며 컴퓨터가 꺼져 있어도 정보를 '기억'한다. 하드디스크와 다른 점은, 플래시메모리에는 이동할 수 있는 부분이 없다는 것이다. 외부 충격을 받거나 큰 온도 변화, 심지어 물속에 잠기더라도 큰 영향을 받지 않기 때문에, 휴대용 기기들을 위한 이상적인 메모리라고 할 수 있다.

플래시메모리는 트랜지스터를 점멸함으로써 0과 1의 배열을 표시하는 방식으로 작동한다. 기존의 트랜지스터는 전원이 꺼지면 정보를 '잊어버리는' 한편, 플래시메모리에 있는 트랜지스터에는 추가로 달린 '게이트'가 있어 전하가 축적되면 1이 되어 정보를 기록하고, 또 다른 전기장이 적용되어 전하가 흐르면 0이 되어 정보가 삭제된다.

플래시메모리는 휴대전화와 MP3 플레이어, 디지털카메라, 메모리 저장 장치 등 파일 저장용 기기나 컴퓨터 사이의 파일 이동을 위한 기기들에 주로 사용된다. 일부 메모리 저장 장치는 용량이 32기가바이트로 약 20시간 분량의 영상을 저장할 수 있다.

플래시메모리 '셀'의 구조

1 전류의 소스 라인
2 절연 처리된 플로팅 게이트가 정보를 전하의 형태로 저장한다.
3 플로팅 게이트에서 전하 상태에 따라 컨트롤 게이트가 '소스'에서
　 '드레인'으로의 전하 흐름을 조절한다.
4 전류의 드레인 라인

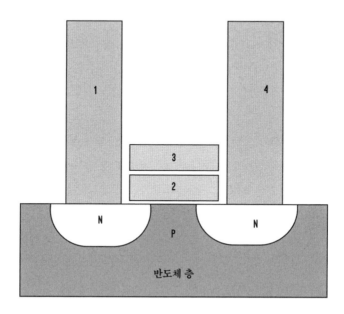

광학 저장 장치

광학 저장 장치란 CD나 DVD처럼 레이저로 판독되는 종류의 메모리를 말한다. 오늘날 데스크톱컴퓨터는 이런 미디어를 읽고 쓸 수 있는 드라이브를 가지고 있다.

CD와 DVD는 모두 약 12킬로미터에 달하는 긴 나선형 트랙을 가지고 있다. 대량생산되는 CD 및 DVD는 트랙 주변에 디지털 데이터를 0과 1의 형태로 암호화하는 미세한 돌출부들이 있다. 데이터를 판독할 때 적색 레이저가 돌출부에서 빛을 튕겨 내면 센서가 굴절된 빛을 측정해 높이 변화를 감지한다.

CD 라이터는 이제 개인용 컴퓨터에 기본적으로 장착되어 있다. 일회용 CD는 안이 보이는 염료 층으로 코팅이 되어 있으며, 레이저가 CD에 정보를 기록함에 따라 이 염료 층이 불투명하게 변한다. 재기록이 가능한 CD는 훨씬 복잡한 화학작용으로 레이저 가열을 통해 계속 정보를 지울 수 있게 한다. 블루레이 디스크는 DVD보다 훨씬 많은 정보를 저장할 수 있다. 적색 레이저보다 파장이 짧은 블루 바이올렛 레이저를 통해 정보를 판독해 레이저 기록 지점에 대한 정확도가 훨씬 높기 때문이다.

CD의 구조

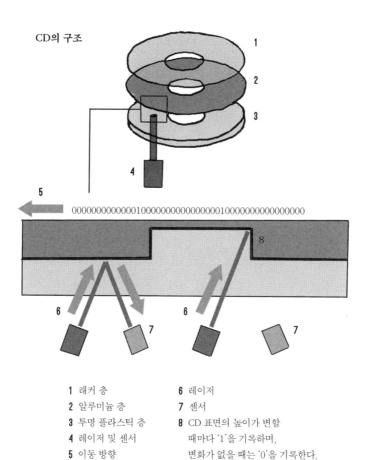

OOOOOOOOOOOOO1OOOOOOOOOOOOOOOOOO1OOOOOOOOOOOOOOOOO

1 래커 층
2 알루미늄 층
3 투명 플라스틱 층
4 레이저 및 센서
5 이동 방향

6 레이저
7 센서
8 CD 표면의 높이가 변할
   때마다 '1'을 기록하며,
   변화가 없을 때는 '0'을 기록한다.

홀로그래픽 메모리

홀로그래픽 메모리는 앞으로 대용량 데이터를 보관하는 혁신적 수단이 될 것으로 예상된다. 최근에는 표면에 개별 '비트'들을 기록해 한 번에 한 비트씩 판독하는 자기 저장 및 광학 저장(p.388)이 대용량 데이터를 저장하는 주요 수단이 되고 있다. 홀로그래픽 기법은 정보를 3차원 용량으로 기록해 수백만 개의 비트들을 동시에 판독하기 때문에 데이터전송속도가 엄청나게 빨라진다.

홀로그래픽 데이터를 기록하는 과정에서 레이저 빔이 두 갈래로 갈라진다. 한쪽 빔은 원래의 2진법 데이터를 가지고 투명한 박스와 어두운 박스의 형태로 된 필터를 통과한다. 다른 쪽의 '레퍼런스' 빔은 다른 경로를 취한 후 데이터를 가진 빔과 다시 결합해 간섭 패턴(p.64)을 형성하는데, 이 과정에서 감광성 크리스털 안쪽에 홀로그램 형태로 정보가 기록된다. 데이터를 회수할 때는 레퍼런스 빔이 데이터를 저장할 때와 동일한 각도로 크리스털에 비추어 내부에 있는 데이터의 정확한 위치를 찾아낸다. 홀로그래픽 저장 기법을 사용할 때 각설탕 크기의 크리스털 안에 수 테라바이트(수조 바이트)의 데이터를 저장할 수 있다.

홀로그래픽 데이터 저장 방식

1 레이저 투사 장치에서 빔을 형성한다.
2 원래의 레이저 빔이 광 분리기를 통해
　동일한 빔 두 개로 나누어진다.
3 필터로 빔이 변경되면서 데이터가
　저장되도록 암호화된다.
4 거울을 통해 변경되지 않은 빔이
　기록 장치 안으로 유도된다.
5 데이터 저장 장치가 두 빔 사이의
　간섭현상을 기록한다.

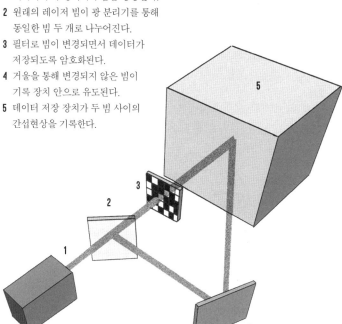

레이더

    레이더는 무선전파를 물체에 튕겨 냄으로써 물체를 감지하고 거리와 속도를 파악하는 기술이다. 레이더 기술은 제2차 세계대전 기간에 급속히 발달했다. 오늘날에도 항공교통관제, 일기예보와 더불어 지구 및 다른 행성들의 지형에 대한 위성 매핑 등 다양한 분야에 사용되고 있다.

    레이더는 '무선 탐지 및 거리 측정radio detection and ranging'의 약자이다. 레이더 접시/안테나에서 발사된 무선전파나 마이크로파는 경로에 있는 물체에 부딪혀 굴절된다. 이후 굴절된 부분이 수신기 안테나로 되돌아옴에 따라 도착

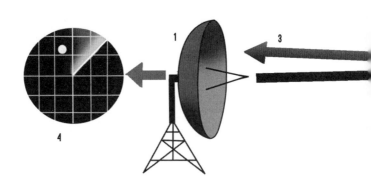

시간을 측정해 물체의 거리를 알 수 있다. 물체의 방향이
레이더기지를 향하거나 멀어지고 있을 경우에는 도플러
효과(p. 42)로 인해 전파 및 굴절된 파동의 진동수에 미세한
변화가 생긴다.

선박에 있는 해양 레이더는 다른 선박과의 충돌을 방지한다.
기상학자들은 강수를 모니터하기 위해 레이더를 사용한다.
가시적인 레이저 광을 사용하는 비슷한 기술인 라이더lidar는
훨씬 정확하게 세부적인 부분을 측정할 수 있다.

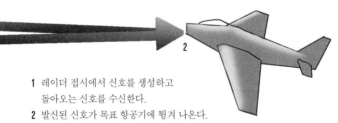

1 레이더 접시에서 신호를 생성하고
  돌아오는 신호를 수신한다.
2 발신된 신호가 목표 항공기에 튕겨 나온다.
3 굴절된 신호가 레이더 접시로 되돌아온다.
4 레이더 스크린이 신호를 해석해 항공기의
  거리와 방향을 파악한다.

소나

수중 음파탐지기인 소나는 선박이 항해하거나 다른 선박들을 감지하거나 해저 매핑을 위해 사용하는 음파 기술이다. '수동' 소나 장치는 다른 선박이나 잠수함들이 만드는 소리를 감지해 작동한다. 반면에 '능동' 소나 장치는 직접 음파를 방출하고 그 반향을 수신한다.

소나는 '음파탐지 및 거리 측정sound navigation and ranging'의 약자이며, 제1차 세계대전 기간에 적군의 잠수함 탐지를 위한 목적으로 빠르게 개발되었다. 능동 소나는 '핑ping'이라고도 하는 소리의 파동을 생성하고 이 파동의 반향을 수신한다. 이런 반향이 수신된 시간을 통해 해당 물체의 거리를 파악할 수 있다. 발신되는 핑은 단일 진동수나 변동 진동수 톤이기 때문에 반향을 통해 더 많은 정보들을 얻을 수 있다. 도플러 효과(p.42)를 기반으로 핑과 반향 사이의 진동수 차이를 분석해 목표물의 속도를 측정할 수 있다.

어선들은 물고기 떼가 있는 곳을 알아내기 위해 소나를 사용한다. 박쥐나 돌고래 같은 일부 동물들은 소나와 비슷한 자연적인 음파 측정법을 통해 길을 찾거나 짝이나 먹이, 천적의 위치를 파악한다.

1 저인망 어선에 있는 소나 포드가 음파를 생성한다.

2 물고기 떼

3 음파가 어선으로 되돌아오는 데 걸린 시간을 측정한다.

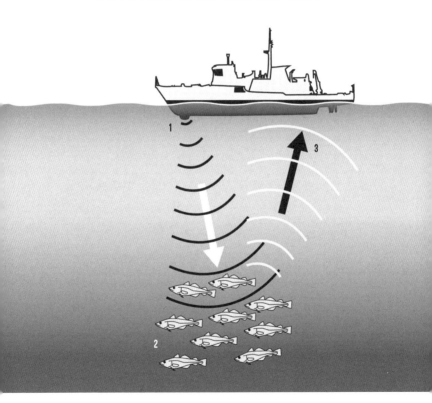

인터넷과 월드와이드웹

인터넷은 '인터넷 프로토콜 수트'를 공통의 통신 언어로 사용하는 서로 연결된 컴퓨터들로 이루어진 전 세계적 시스템이다. 민간 기업과 대학, 정부 기관 등 기관들에 의해 운영되는 무수한 소형 네트워크들은 케이블과 전화선, 무선 기술들로 서로 연결되어 있는데, 이런 소규모 네트워크들이 모여 형성된 거대한 네트워크가 인터넷이다.

월드와이드웹은 대부분 '웹'이라고 하며, 인터넷을 통해 문서들을 처리하는 방식이다. 웹 브라우저 소프트웨어를 통해 사용자들은 문자와 이미지, 영상 및 다른 멀티미디어로 구성된 웹 페이지들을 볼 수 있으며, '하이퍼링크'를 통해 다른 웹페이지로 이동할 수 있다. 영국 컴퓨터 과학자인 팀 버너스 리Tim Berners-Lee는 프랑스와 스위스 국경에 있는 유럽원자핵공동연구소(CERN)에 재직하던 1989년에 웹을 발명했다.

웹페이지를 형성하는 주요 언어는 HTML(하이퍼텍스트 생성 언어)로, 각 텍스트 문장의 한쪽 끝에 태그(클릭할 수 있는 하이퍼링크 등)를 사용해 웹 브라우저가 이를 표시하도록 한다. 추정치에 따르면 현재 웹을 사용하는 사람들의 수는 20억 명 이상이다.

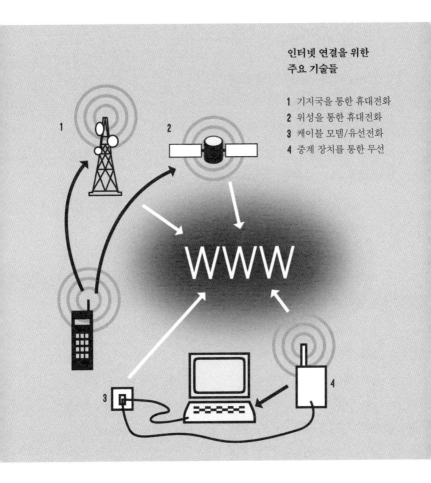

인터넷 연결을 위한
주요 기술들

1 기지국을 통한 휴대전화
2 위성을 통한 휴대전화
3 케이블 모뎀/유선전화
4 중계 장치를 통한 무선

인터넷 보안

인터넷 덕분에 정보 전송은 쉬워졌지만, 유해한 목적으로 만들어진 프로그램인 '악성코드'도 퍼지게 되었다. 컴퓨터 바이러스는 전자우편을 통해 컴퓨터 사이로 전송될 수 있는 유해한 프로그램으로, 컴퓨터 안에 있는 파일을 삭제하거나 운영 시스템을 사용할 수 없게 만든다.

또 다른 악성코드로는 사용자도 모르게 컴퓨터에 설치되어 사용자의 비밀번호를 유출하는 '스파이웨어spyware'와, 스스로를 복제해 네트워크상의 다른 컴퓨터들에게 복제본을 전송하는 컴퓨터 '웜worm' 등을 들 수 있다. 네트워크로 연결된 컴퓨터들은 바이러스 방어 프로그램을 계속해서 업데이트해 새로운 악성코드를 찾아내 제거하고, '방화벽'을 설치해 승인되지 않은 외부의 접근을 막아야 한다.

'서비스 거부 공격'은 특정 기관의 웹사이트에 지나치게 많은 통신 요청을 퍼부어 해당 웹사이트가 합법적인 트래픽을 처리하지 못하도록 함으로써 웹사이트를 무력화시킨다. '봇'이라는 소프트웨어 에이전트를 설치해 특정 웹사이트에 대한 공격을 개시하거나 봇을 통해 다른 컴퓨터들을 몰래 감염시키는 시도들이 포함된다.

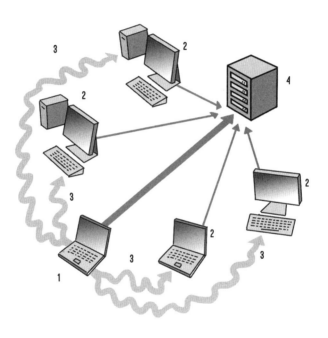

서비스 거부 공격이 이루어질 때 가해자(1)는 악성코드(3)를 전파해 다른
사용자들의 컴퓨터(2)를 장악한다. 이렇게 생겨난 '봇네트'가 원거리
서버 컴퓨터(4)에 과도한 정보를 요청해 과부하를 초래한다.

분산 컴퓨팅

분산 컴퓨팅은 다수의 컴퓨터를 연결해 각 컴퓨터가 전체 데이터 처리의 일부를 담당하게 함으로써 문제를 해결하는 것을 말한다. 하나의 컴퓨터를 사용할 때보다 업무를 훨씬 더 빨리 완료하는 것이 목적이다.

분산 컴퓨팅의 한 종류인 '그리드 컴퓨팅grid computing'은 멀리 떨어져 있는 다수의 컴퓨터들을 함께 사용하는 것이다. 1999년 시작된 '세티앳홈SETI@Home' 프로젝트가 대표적인 예이다. 약 800만 명의 사람들이 푸에르토리코의 아레시보 전파망원경에서 보내온 소규모의 데이터 패킷을 분석했다. 그들은 프로그램을 다운받아 특이한 신호들을 잡아낸 후 그 결과를 프로젝트 담당자에게 보냈다. 이 프로젝트의 목적은 찾아낸 특이한 신호들 가운데 일부가 외계 문명에서 보낸 것인지를 확인하는 것이었다.

이와 비슷한 프로젝트인 '폴딩앳홈Folding@home'은 대중이 개인 컴퓨터로 단백질 접힘(p. 138)을 분석하도록 장려하는 것이다. 이런 작업을 통해 암이나 알츠하이머병 같은 질병에 대한 새로운 치료법과 관련된 중요한 정보를 얻을 수 있으리라 기대한다.

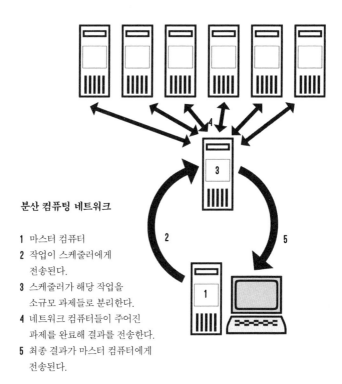

분산 컴퓨팅 네트워크

1 마스터 컴퓨터
2 작업이 스케줄러에게
전송된다.
3 스케줄러가 해당 작업을
소규모 과제들로 분리한다.
4 네트워크 컴퓨터들이 주어진
과제를 완료해 결과를 전송한다.
5 최종 결과가 마스터 컴퓨터에게
전송된다.

음성 통신

1870년대 스코틀랜드 출신 미국 과학자인 알렉산더 그레이엄 벨Alexander Graham Bell이 선을 통해 전기적으로 음성을 전송하는 데 성공했다. 수화기에서 마이크가 소리에 반응하면서 유도현상(p.50)에 의한 전기신호가 생성되어 선을 타고 이동한다. 그러면 스피커가 전류에 의해 진동하면서 소리를 재생하는 방식이다.

1970년대 말에 출시된 최초의 상업적 휴대전화는 신호들이 무선으로 국부 송신기로 전송된 후 주요 유선전화 네트워크로 전달되는 체계였다. 오늘날 전화 신호들은 대부분 0과 1의 배열로 암호화된 디지털 형태이다. 지난 10년 동안 인터넷 전화 통화 프로토콜(Voice over Internet Protocol, VoIP) 부문이 빠르게 발전하면서 장거리전화에 드는 비용이 크게 줄어들었다.

위성 전화는 휴대전화 신호나 유선 전화망이 없는 외딴 지역들에서 사용된다. 궤도에 떠 있는 위성들과 직접 연결한 후 위성이 해당 신호를 공공 전화망을 사용할 수 있는 지역의 지상 안테나로 다시 연결하는 방식이다.

위성 전화의 원리

1 전화기
2 궤도를 도는 통신위성
3 게이트웨이 지상국
4 공공 전화망
5 유선전화

광섬유

　광섬유는 가늘고 유연한 투명 물질 가닥들로, 네트워크에 광 신호를 '수송'함으로써 인터넷 트래픽과 전화 통화 등 모든 종류의 데이터를 전송하는 데 사용된다. 광섬유를 사용하면 기존의 전기 케이블보다 빠르게 데이터를 전송할 수 있으며, 증폭하지 않아도 수십 킬로미터까지 신호를 전송할 수 있다.

　광섬유 한 가닥은 가는 유리나 플라스틱으로 된 중심부와 외부 피복으로 이루어진다. 이 피복을 구성하는 광학 물질은 빛을 계속해서 섬유 안쪽으로 반사시켜 가둬 두는데, 이런 과정을 '내부 전체반사total internal reflection'라고 한다. 바깥쪽 플라스틱 코팅은 광섬유를 습기와 충격으로부터 보호한다. 대부분 수백 또는 수천 가닥의 광섬유 케이블들이 하나의 덮개 속에 존재한다.

　단일 모드 광섬유 케이블은 머리카락보다 가는 중심부를 통해 빛의 한 파장을 전송한다. 다중 모드 케이블은 중심부가 훨씬 두껍고 각각 다른 파장들을 몇 개씩 전송할 수 있다. 이런 케이블을 통해 이동하는 광 신호들의 속도는 초속 20만 킬로미터 정도이기 때문에, 전 세계 어디서나 곧바로 깨끗한 전화 통화가 가능하다.

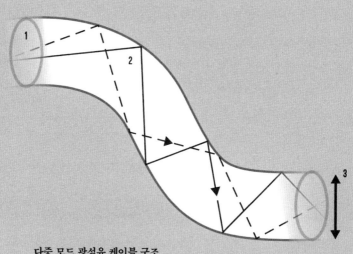

다중 모드 광섬유 케이블 구조

1 두 개의 광 신호
2 광섬유 외부 피복에서 일어나는 내부 전체반사
3 약 0.05밀리미터의 광섬유 두께

위성항법 장치

위성항법 장치Global Positioning System인 GPS는 미국 정부가
유지하는 위성 네트워크로, 지상에 있는 수신자들에게 현재의
정확한 위치를 알려 준다. '위성 내비게이션'이라고도 하는
GPS 수신기를 가진 사람들은 누구나 이용할 수 있다. 러시아
또한 '글로나스GLONASS'라는 위성항법 체제가 있으며, 중국과
유럽연합은 새로운 자체 체제를 만들 계획을 세우고 있다.

위성 내비게이션 수신기는 네 개 이상의 GPS 위성이 보내는
시보(해당 신호들이 언제 어디서 나온 것인지를 알려 준다)를 통해
위치를 계산한다. 이렇게 산출된 위치가 스크린에 나타나며,
대부분 움직이는 지도 형식으로도 볼 수 있다.

어느 시간이든 지구 중간 궤도에서 운영되고 있는 GPS
위성은 24개 이상이다. GPS는 도로 교통수단과 더불어 지도
제작, 항공기, 선박 등에 사용되고 있다. 또한 GPS를 통해
범죄자나 애완동물의 위치를 추적할 수도 있다. 예를 들면
GPS를 이용해 자신의 현재 위치를 알려 주는 장치나 휴대전화
네트워크를 경유해 현재 위치를 보고하는 장치가 있다. 일부
GPS 통신은 군사적 목적으로 암호화되는 경우도 있다.

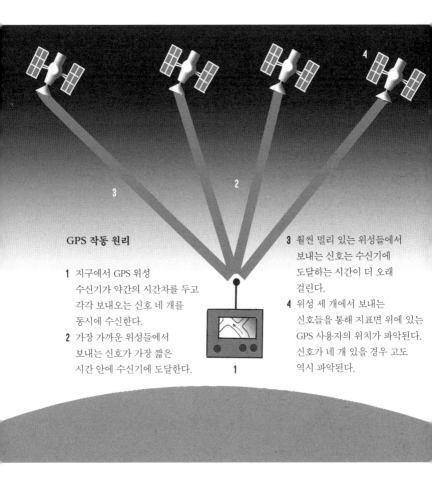

GPS 작동 원리

1 지구에서 GPS 위성
수신기가 약간의 시간차를 두고
각각 보내오는 신호 네 개를
동시에 수신한다.

2 가장 가까운 위성들에서
보내는 신호가 가장 짧은
시간 안에 수신기에 도달한다.

3 훨씬 멀리 있는 위성들에서
보내는 신호는 수신기에
도달하는 시간이 더 오래
걸린다.

4 위성 세 개에서 보내는
신호들을 통해 지표면 위에 있는
GPS 사용자의 위치가 파악된다.
신호가 네 개 있을 경우 고도
역시 파악된다.

주요 용어

4면체
네 개의 평면을 가진 모든 다면체.
정4면체는 네 개의 등변삼각형으로
구성된다.

격자
2차원 또는 3차원의 규칙적인 주기
패턴을 형성하는 일련의 점이나 입자
또는 물체들.

결합에너지
분자나 원자 또는 원자핵의 모든 구성
요소들을 분리하기 위해 필요한 에너지.

골
물리학에서 파형의 최저점을 의미한다.
최고점인 마루와 반대되는 개념.

광물
지질학적 과정을 통해 자연적으로
생기는 고체로, 특유의 화학구조를
가진다.

꽃가루
꽃의 수술 부분에서 만들어지는 미세한
알갱이로, 수분 과정에서 암술과 결합해
종자를 생성한다.

난기류
무질서한 움직임을 동반하는 유체(액체
또는 기체) 안에서 일어나는 동요.
난기류가 발생할 때 이동 수단의

움직임이 저해될 수 있다.

뉴런
전기신호나 화학 신호를 통해 신경 자극
전달을 담당하는 신경세포.

독소
주로 병원성 박테리아에 의해 형성되는
단백질로, 다른 유기체에게 해로운 독.

마루
물리학에서 파형의 최고점을 의미한다.
최저점인 골과 반대되는 개념.

마찰
서로 미끄러져 지나가는 물체들이나
액체의 운동에 저항하는 힘.

복사
매질이나 공간을 통한 에너지 이동.
대부분 전자파를 의미한다.

부력
액체나 기체의 압력으로 생기는
상승하는 힘으로, 물체를 뜨게 한다.

분비선
신체에 필요한 물질을 합성해 도관이나
혈류를 통해 방출하는 기관.

분자
한정된 배열 속에서 화학적으로 서로
결합된 한 개 이상 원소들의 원자 집단.

생식세포
정자나 난자 등 유기체의 자손으로
DNA를 전파하는 생식세포.

생태계
환경과 상호작용으로 연계된 유기체
집단.

세포
생물학에서 단세포 박테리아에서
동식물에 이르는 생명체들의 기본 구조
단위.

세포질
세포에서 핵 바깥쪽에 있는 젤리 상태의
내부 매질.

소용돌이
압력이 최소 상태인 중심부 주변으로
발생하는, 빠르게 회전하는 무질서한
유체 흐름.

습도
대기 중에 있는 수증기 양의 척도.
대부분 열대우림 지역에서 가장 높다.

시공
아인슈타인의 상대성이론에서
불가분하게 얽혀 있는 차원들(공간의
세 개 차원과 시간의 한 개 차원).

식물성플랑크톤
광합성을 하거나 식물 구성 요소로
된 플랑크톤. 주로 단세포 해조류를
의미한다.

안테나
파동을 전류로, 전류를 파동으로
전환시켜 전자파를 발신 및 수신하는
기구.

양성자
주로 원자핵에 존재하는 양전하의
아원자 입자. 세 개의 쿼크로 구성된다.

염증
홍반이나 부기를 야기하는 면역반응.
감염을 예방하거나 상처를 치유하는 첫
반응일 수 있다.

온실가스
태양복사를 흡수해 대기에 있는 열을
가두는 기체(이산화탄소 등).

와동
유체역학에서 액체가 장애물을 지나
흐를 때 발생하는 소용돌이 및 역류
현상.

유기
화학에서 탄소 원소를 중심으로 하는
다양한 범위의 화합물을 의미하는 용어.

유기체
동물과 식물, 곰팡이, 미생물 등 한 개
이상의 세포로 구성된 모든 생명체.

유리기
한 개 이상의 단일 전자를 가지는
고반응도의 불안정한 원자 또는 분자.
세포에 타격을 줄 수 있다.

은하
수백만 또는 수십억 개의 별과 이들의 가스 및 먼지가 중력에 의해 묶여 있는 체계.

응축
기체에서 액체 또는 고체로 상태가 변하는 과정.

적색거성
저질량 또는 중질량(태양 질량의 약 0.5~10배)의 거성이 별 진화의 마지막 단계에 있는 상태.

전도체
전류나 열, 음파 등의 에너지를 쉽게 전달하는 물질.

전자
자연에 존재하는 근본적인 입자들 가운데 하나로, 음전하를 띠는 안정적인 아원자 입자.

절연체
전류나 열, 음파 등의 에너지를 전달하지 못하는 물질.

종형 곡선
그래프에서 대부분이 평균값 근처에 몰리고 그 이상 및 이하 값으로 갈수록 낮아지는 종 모양의 확률 분포 곡선.

중성자
주로 원자핵에 존재하는 전기적으로 중립인 아원자 입자. 세 개의 쿼크로 구성된다.

중첩
양자역학에서 입자의 다양한 상태들을 나타내는 파동들의 중복.

증발
물웅덩이가 따뜻한 햇볕으로 마르는 등 액체 표면에서 발생하는 기화 현상.

지진파
지진 또는 폭발 후 지구(또는 다른 물체)를 통해 전파되는 진동.

진공
물질이 거의 존재하지 않는 공간. 기체 압력이 대기 압력보다 훨씬 낮다.

질량
중력장 내에서 물질에 무게를 부여하는 속성. 에너지 또한 결합된 질량을 가진다.

터빈
이동하는 유체로 회전 날개를 돌려 기계 에너지를 생성하는 회전 엔진.

플라스마
부분적으로 이온화된, 전기전도성을 가진 뜨거운 기체.

해조류
뿌리 등 특정 부분이 부재한 단순 식물류로, 단세포 식물과 더불어 켈프 등 대규모 수초도 포함된다.

옮긴이 **윤서연**

서울여자대학교에서 식품미생물학과를 졸업하고, 이화여자대학교 통번역대학원에서
한영 번역 석사 학위를, 소아즈 런던 대학교 대학원에서 한국어교육학 석사 학위를 받았다.
현재 전문 번역가로 활동하고 있다.

| 한 장의 지식 | **과학**

1판 1쇄 인쇄 2017년 5월 18일
1판 1쇄 발행 2017년 5월 25일

지은이 헤이즐 뮤어
옮긴이 윤서연
감수자 이정모
펴낸이 김영곤
펴낸곳 아르테

미디어사업본부 본부장 신우섭
책임편집 신원제 **인문교양팀** 장미희 전민지 **디자인** 박대성 **교정** 최은하
영업 권장규 오서영 **프로모션** 김한성 심재진 최성환 김주희 김선영 정지은

출판등록 2000년 5월 6일 제406-2003-061호
주소 (10881) 경기도 파주시 회동길 201(문발동)
대표전화 031-955-2100 **팩스** 031-955-2151 **이메일** book21@book21.co.kr

ISBN 978-89-509-6994-3 03400
아르테는 (주)북이십일의 문학 브랜드입니다.

(주)북이십일 경계를 허무는 콘텐츠 리더

아르테 채널에서 도서 정보와 다양한 영상자료, 이벤트를 만나세요!
가수 요조, 김관 기자가 진행하는 팟캐스트 '[북팟21] 이게 뭐라고'
페이스북 facebook.com/21arte 블로그 arte.kro.kr
인스타그램 instagram.com/21_arte 홈페이지 arte.book21.com

· 책값은 뒤표지에 있습니다.
· 이 책 내용의 일부 또는 전부를 재사용하려면 반드시 (주)북이십일의 동의를 얻어야 합니다.
· 잘못 만들어진 책은 구입하신 서점에서 교환해 드립니다.